Stephanie Cech-Wenning

Klasse 3/4

Schriftliche Rechenverfahren: Grundrechenarten

Merkblätter, Übungsaufgaben und Lösungen

Verlag an der Ruhr

Impressum

Titel
Schriftliche Rechenverfahren: Grundrechenarten, Klasse 3/4
Merkblätter, Übungsaufgaben und Lösungen

Autorin
Stephanie Cech-Wenning

Titelbildmotiv
Anja Boretzki

Illustrationen
Norbert Höveler u. a.

Verlag an der Ruhr
Mülheim an der Ruhr
www.verlagruhr.de

Geeignet für die Klassen 3–4

Unser Beitrag zum Umweltschutz:
Wir sind seit 2008 ein ÖKOPROFIT®-Betrieb und setzen uns damit aktiv für den Umweltschutz ein. Das ÖKOPROFIT®-Projekt unterstützt Betriebe dabei, die Umwelt durch nachhaltiges Wirtschaften zu entlasten. Unsere Produkte sind grundsätzlich auf chlorfrei gebleichtes und nach Umweltschutzstandards zertifiziertes Papier gedruckt.

ISBN 978-3-8346-3584-6

Printed in Germany

Inhaltsverzeichnis

Schriftliche Addition

Schriftliche Subtraktion

Inhaltsverzeichnis

Schriftliche Multiplikation

Schriftliche Division

Vorwort

Mit dem vorliegenden Übungsmaterial können Sie die **vier schriftlichen Rechenverfahren ...**

Addition

Subtraktion

Multiplikation und

Division

... gezielt einführen und üben. Im Vordergrund steht dabei das automatisierende Üben der jeweiligen Technik des schriftlichen Rechenverfahrens.

Jedes schriftliche Verfahren startet mit der **Einführung** und **Übungsaufgaben zum halbschriftlichen Rechnen**. Zu Beginn des eigentlichen schriftlichen Rechenverfahrens gibt es dann immer eine **Erklärungsseite** (Merkblatt), die Sie als Grundlage Ihrer Unterrichtsgespräche oder Erarbeitungsphasen nehmen können. Leistungsstarke Schüler können sich mithilfe dieser Seiten ein Rechenverfahren aber auch selbst erschließen und dann individuell üben. Die Seiten können auch, vergrößert kopiert, als Merkplakate im Klassenraum Verwendung finden.
Die sich anschließenden **Arbeitsblätter** bauen dann thematisch und vom Schwierigkeitsgrad her aufeinander auf. Sie sind als Kopiervorlage für Ihren Unterricht gedacht, klar aufgebaut und erklären sich von selbst. Auf jedem Arbeitsblatt wird ein mathematisches Phänomen bzw. eine Schwierigkeit innerhalb des jeweiligen schriftlichen Rechenverfahrens geübt.
Sie können sich so entsprechend zu Ihrem Unterrichtsinhalt die passenden Übungen herausnehmen und die Übungsphasen Ihrer Schüler intensivieren. Auch losgelöst vom Mathematikbuch haben Sie die Möglichkeit, mit den vorliegenden Aufgabenstellungen die schriftlichen Rechenverfahren systematisch einzuführen und vertiefend zu üben.
Die Anzahl der Übungsaufgaben sichert die Fertigkeiten der Schüler, Aufgaben entsprechender Art lösen zu können. Da das Arbeitstempo der Schüler erfahrungsgemäß stark variiert, befinden sich auf jedem Arbeitsblatt die sogenannten **„Sternchenaufgaben“** (☆). Diese sind für schnelle Rechner gedacht. Natürlich steht es Ihnen frei, darüber hinaus die Menge der Aufgaben gemäß den Bedürfnissen Ihrer Schüler zu variieren.
Zudem können Sie leistungsstarken Rechnern sogenannte **Profi-Arbeitsblätter** mit dem Logo „♕“ in der Fußzeile anbieten, die einen gewissen Anspruch erfordern und nicht von allen Schülern gelöst werden müssen. Für manche Schüler ist die Bearbeitung dieser Arbeitsblätter auch zu einem späteren Zeitpunkt sinnvoll.

Des Weiteren können Sie die Arbeitsblätter an **Stationen** oder innerhalb einer **Lerntheke** anbieten, da sie klar strukturiert und selbsterklärend sind.

Im Anschluss an die Arbeitsblätter finden Sie ab S. 59 die kompletten **Lösungen**. Mithilfe dieser Seiten können Sie die Ergebnisse Ihrer Schüler

rasch und sicher kontrollieren. Ebenso können Sie die Kontrolle punktuell oder komplett in die Hand der Schüler geben und so das selbstständige Arbeiten fördern. Dies unterstützt den Einsatz auch innerhalb der freien Arbeitsformen. Sinnvoll ist es, die Lösungen auf farbiges Papier zu kopieren, ggf. zu laminieren und bereitzustellen.
Die **Lösungen** für die Aufgaben der **schriftlichen Subtraktion** sind ohne Überträge bzw. verfahrenspezifische Notationen dargestellt. Hier finden Sie lediglich das Endergebnis. Ergänzen Sie je nach Verfahren bitte die entsprechenden Überträge bzw. Notationen. Zum einfachen Abgleichen der Lösungen würden aber die vorliegenden Ausführungen genügen.

Ein Tipp zum Schluss

Sie können die vorliegenden Arbeitsblätter einzeln an die Schüler verteilen oder aber auch ein kleines **Übungsheft** mit allen gewünschten Aufgabenangeboten zum jeweiligen Rechenverfahren zusammenstellen. Selbstverständlich kann auch hierbei die Auswahl für die einzelnen Schüler differenziert von Ihnen getroffen werden.

Schriftliche Rechenverfahren

Halbschriftliches Addieren – Wiederholen und üben

So geht es:

3	5	2	+	2	4	7	=	**5**	**9**	**9**
3	0	0	+	2	0	0	=	5	0	0
	5	0	+		4	0	=		9	0
		2	+			7	=			9

Wenn du die Zwischenergebnisse addierst, bekommst du das Endergebnis heraus!

1. Addiere halbschriftlich.

6	4	+	3	5	=			
6	0	+	3	0	=			
	4	+		5	=			

5	3	+	4	6	=			
5	0	+	4	0	=			
	3	+		6	=			

4	2	+	2	7	=			
4	0	+	2	0	=			
	2	+		7	=			

4	8	+	2	9	=			

5	1	+	3	7	=			

6	7	+	2	8	=			

2. Addiere auch hier.

1	4	8	+	2	3	1	=			
1	0	0	+	2	0	0	=			
	4	0	+		3	0	=			
		8	+			1	=			

3	7	2	+	2	5	3	=			
3	0	0	+	2	0	0	=			
	7	0	+		5	0	=			
		2	+			3	=			

3	5	6	+	2	7	2	=			

4	5	8	+	1	9	5	=			

2	9	4	+		9	6	=			

3	0	5	+		8	7	=			

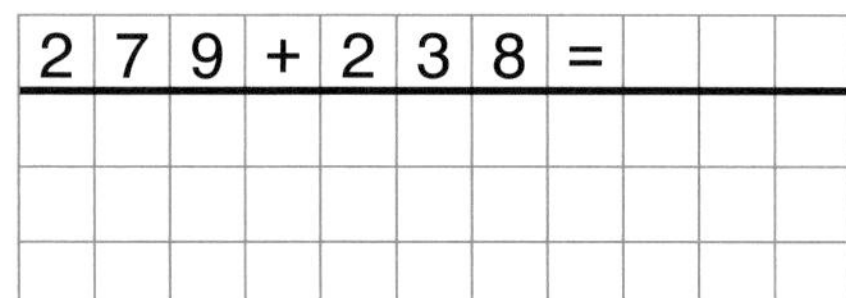

2	7	9	+	2	3	8	=			

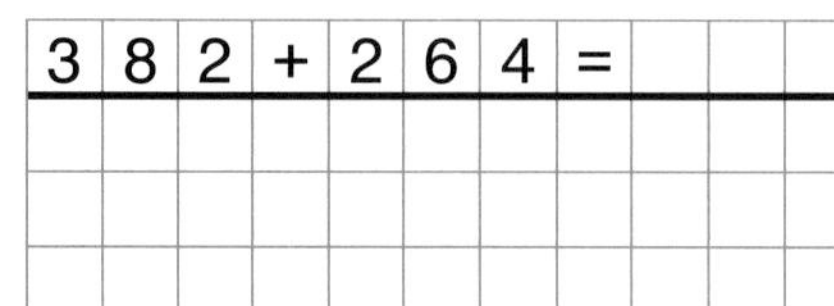

3	8	2	+	2	6	4	=			

Schriftliche Addition ohne Übertrag

So geht es:

1. Schreibe die Zahlen stellengerecht untereinander.
2. Schreibe das Plus-Zeichen dazu.
3. Lasse eine Kästchenreihe frei und ziehe einen Strich.

Beispiel:

364 + 425

Rechne von hinten nach vorne!

	H	Z	E
	3	6	**4**
+	4	2	**5**
			9

4 E + 5 E = 9 E

Schreibe **9** Einer in das Ergebnis!

	H	Z	E
	3	**6**	4
+	4	**2**	5
		8	9

6 Z + 2 Z = 8 Z

Schreibe **8** Zehner in das Ergebnis!

	H	Z	E
	3	6	4
+	**4**	2	5
	7	8	9

3 H + 4 H = 7 H

Schreibe **7** Hunderter in das Ergebnis!

Addieren ohne Übertrag

1. Addiere schriftlich.

	H	Z	E
		4	6
+		2	3

	H	Z	E
		4	2
+		3	6

	H	Z	E
		5	1
+		2	6

	H	Z	E
		7	3
+		1	5

	H	Z	E
		6	8
+		2	1

	H	Z	E
	3	1	2
+	1	2	5

	H	Z	E
	2	4	8
+	2	3	1

	H	Z	E
	6	3	4
+	2	6	5

	H	Z	E
	4	5	1
+	1	2	3

	H	Z	E
	7	1	7
+	2	7	1

	H	Z	E
	2	7	4
+	2	2	3

	H	Z	E
	3	5	6
+	2	4	2

	H	Z	E
	1	6	7
+	1	3	2

	H	Z	E
	5	1	1
+	2	7	8

	H	Z	E
	8	4	2
+	1	3	6

2. Addiere auch hier.

	7	2	1
+	2	3	8

	6	4	5
+	3	1	4

	5	1	7
+	1	8	1

	2	7	1
+	2	1	4

	6	6	3
+	3	2	5

	4	1	3
+	4	1	5

	3	6	3
+	2	3	1

	7	4	6
+	1	4	2

	5	6	1
+	3	3	2

	2	7	5
+	1	2	4

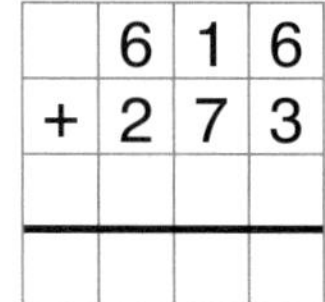

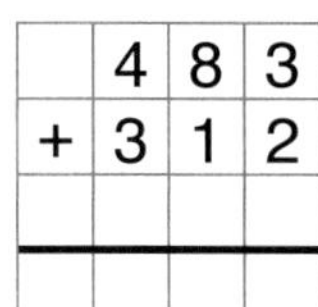

	6	1	6
+	2	7	3

	4	8	3
+	3	1	2

	2	1	2
+	2	6	4

	3	7	1
+	3	2	3

	7	1	6
+	2	5	1

Addieren mit der Null und mit Stellenunterschied

1. Addiere schriftlich.

	H	Z	E
	6	5	0
+	2	3	4

	H	Z	E
	2	5	7
+	2	0	1

	H	Z	E
	8	7	0
+	1	2	9

	H	Z	E
	3	2	0
+	2	4	8

	H	Z	E
	7	0	7
+	2	8	2

	8	4	2
+	1	0	7

	3	1	0
+	2	7	8

	4	9	6
+	2	0	2

	6	7	3
+	3	2	0

	4	0	8
+	2	9	1

	4	0	3
+	2	7	0

	3	6	0
+	2	0	8

	5	0	4
+	4	0	2

	2	9	0
+	5	0	7

	3	2	0
+	4	1	0

2. Addiere auch hier schriftlich. Achte auf den Stellenunterschied.

	H	Z	E
	2	4	2
+		5	3

	H	Z	E
	7	5	2
+		4	5

	H	Z	E
	8	1	7
+		6	2

	H	Z	E
	3	4	0
+		2	8

	H	Z	E
	4	0	6
+		8	1

		9	3
+	5	0	1

		2	3
+	2	6	1

		6	4
+	4	3	4

		7	1
+	3	1	5

		9	1
+	6	0	8

3. Schreibe stellengerecht untereinander. Rechne aus.

280 + 213 | 607 + 241 | 322 + 130 | 81 + 614 | 336 + 52

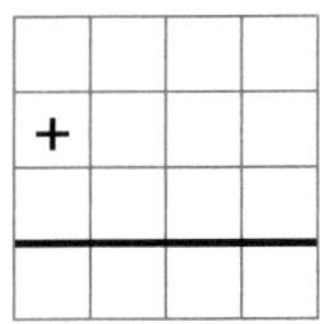

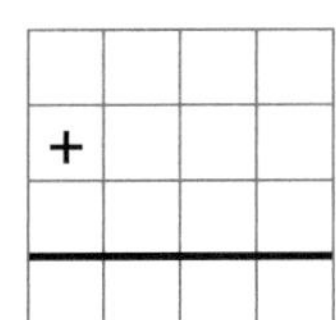

+			

+			

+			

Schriftliche Addition mit einem Übertrag

So geht es:

1. Schreibe die Zahlen stellengerecht untereinander.
2. Schreibe das Plus-Zeichen dazu.
3. Lasse eine Kästchenreihe frei und ziehe einen Strich.

Beispiel:

358 + 237

Rechne von hinten nach vorne!

	H	Z	E
	3	5	**8**
+	2	3	**7**
		1	
			5

8 E + 7 E = 15 E
15 E sind 1 Z und 5 E.
Schreibe **5** Einer in das Ergebnis!
Schreibe **1** Zehner zu den Zehnern.
Die Zahl in der leeren Reihe nennt man **Übertrag**.

	H	Z	E
	3	**5**	8
+	2	**3**	7
		1	
		9	5

5 Z + 3 Z + 1 Z = 9 Z
Schreibe **9** Zehner in das Ergebnis!

	H	Z	E
	3	5	8
+	**2**	3	7
		1	
	5	9	5

3 H + 2 H = 5 H
Schreibe **5** Hunderter in das Ergebnis!

Addieren mit einem Übertrag

1. Addiere schriftlich. Achte auf den Übertrag.

	H	Z	E
	4	6	5
+	2	2	7

	H	Z	E
	3	4	8
+	1	3	5

	H	Z	E
	2	7	9
+	2	1	3

	H	Z	E
	6	3	7
+	2	2	6

	H	Z	E
	7	2	8
+	1	4	8

	H	Z	E
	6	5	7
+	2	6	2

	H	Z	E
	2	6	8
+	2	6	1

	H	Z	E
	4	3	8
+	3	8	1

	H	Z	E
	5	7	2
+	2	9	6

	H	Z	E
	6	8	1
+	2	4	0

	H	Z	E
	4	9	7
+	3	2	1

	H	Z	E
	6	0	8
+	3	2	6

	H	Z	E
	5	1	9
+	2	4	7

	H	Z	E
	8	7	7
+	1	1	3

	H	Z	E
	7	5	1
+		8	6

2. Addiere. Achte auch hier auf den Übertrag.

	3	7	4
+	3	6	5

	8	8	6
+	1	0	9

		4	7
+	3	1	9

	4	3	0
+	4	7	6

	6	1	1
+	2	7	9

	6	2	9
+	2	5	3

	3	4	7
+	1	9	0

	5	9	6
+	3	3	2

	4	7	0
+	3	5	0

	7	9	9
+	1	1	0

	8	0	7
+	1	2	4

	6	3	8
+	2	8	1

	3	5	5
+	3	2	7

	5	1	7
+	3	0	9

	6	7	2
+		5	3

Schriftliche Addition mit mehreren Überträgen

So geht es:

1. Schreibe die Zahlen stellengerecht untereinander.
2. Schreibe das Plus-Zeichen dazu.
3. Lasse eine Kästchenreihe frei und ziehe einen Strich.

Beispiel:

297 + 435

Rechne von hinten nach vorne!

	H	Z	E
	2	9	**7**
+	4	3	**5**
		1	
			2

7 E + 5 E = 12 E

12 E sind 1 Z und 2 E.

Schreibe **2** Einer in das Ergebnis!

Übertrage **1** Zehner zu den Zehnern.

	H	Z	E
	2	**9**	7
+	4	**3**	5
	1	1	
		3	2

9 Z + 3 Z + 1 Z = 13 Z

13 Z sind 1 H und 3 Z.

Schreibe **3** Zehner in das Ergebnis!

Übertrage **1** Hunderter zu den Hundertern.

	H	Z	E
	2	9	7
+	**4**	3	5
	1	1	
	7	3	2

2 H + 4 H + 1 H = 7 H

Schreibe **7** Hunderter in das Ergebnis!

Addieren mit mehreren Überträgen

1. Addiere schriftlich. Achte auf den Übertrag.

	H	Z	E
	3	6	4
+	2	5	8

	H	Z	E
	7	9	9
+	1	4	3

	H	Z	E
	4	8	5
+	2	3	6

	H	Z	E
	5	7	8
+	3	5	4

	H	Z	E
	2	8	9
+	2	2	3

	6	5	7
+	2	6	4

	8	7	8
+	1	5	6

	3	9	7
+	2	2	5

	2	8	3
+	2	4	7

	6	6	5
+	2	5	8

	5	9	7
+	2	1	4

	6	2	8
+	2	9	2

	5	4	7
+	3	5	4

	2	9	1
+	6	4	9

	4	0	9
+	1	9	8

		8	9
+	7	4	3

	3	0	7
+	2	9	8

	6	9	6
+	1	0	5

	8	2	5
+		9	8

	4	7	9
+		5	6

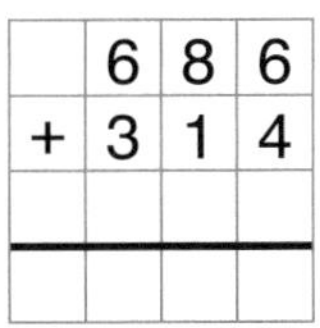

	6	8	6
+	3	1	4

	4	9	5
+	5	0	5

	8	2	3
+	1	7	7

	9	6	4
+		3	6

	7	5	8
+	2	4	2

2. Schreibe stellengerecht untereinander. Rechne aus.

675 + 126 | 367 + 255 | 489 + 265 | 561 + 299 | 539 + 461

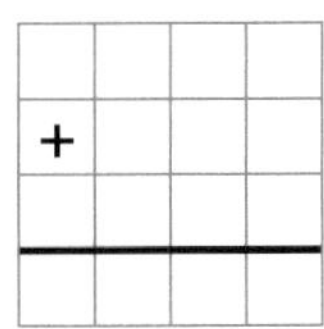

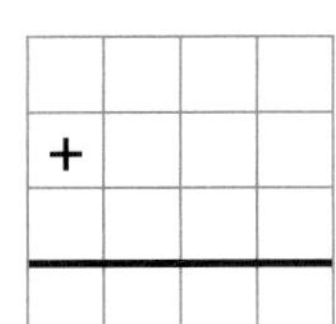

+			

+			

+			

+			

+			

Addieren mit mehreren Summanden

1. Aufgaben ohne Übertrag. Addiere schriftlich.

	2	2	1
+	2	6	0
+	1	1	5

	3	5	4
+	2	1	2
+	2	2	3

	6	1	3
+	1	5	2
+	1	2	4

	4	6	2
+	2	1	7
+	2	2	0

	5	4	3
+	2	3	2
+	1	2	4

2. Aufgaben mit einem Übertrag.

	6	4	3
+	1	2	1
+	1	5	5

	4	0	2
+	2	5	6
+	1	3	8

	2	9	1
+	2	3	4
+	2	6	3

	3	4	7
+	1	0	8
+	2	2	5

	6	7	0
+		8	5
+	1	4	3

	4	1	9
+	1	3	8
+	1	2	7

	2	5	3
+	1	9	2
+		9	4

	6	0	8
+	1	3	7
+	2	4	9

	2	9	1
+	2	8	3
+		6	4

	3	5	7
+	2	0	8
+	2	1	7

3. Aufgaben mit zwei Überträgen.

	3	4	7
+	2	7	8
+	1	1	2

	2	9	3
+	1	7	8
+		6	5

	4	6	1
+	2	6	9
+	2	0	3

	6	6	5
+		4	7
+	1	5	9

	3	7	4
+	2	9	0
+	3	2	7

	1	2	2
+	3	3	7
+	2	0	5
+	1	7	8
+	1	2	0

	3	2	5
+		8	7
+	4	1	2
+	1	0	7
+	1	3	9

	4	9	6
+	1	3	2
+		8	0
+	2	4	3
+	2	0	7

	2	9	5
+	1	0	7
+	1	6	5
+		9	9
+	3	5	0

	5	2	5
+	1	7	0
+		9	3
+	2	4	7
+		5	1

Addieren mit fehlenden Ziffern

1. Ergänze die fehlenden Ziffern.

	3	8	5
+	2	□	2
	5	9	□

	2	4	3
+	1	5	□
	□	9	8

	4	2	□
+	□	7	0
	6	9	9

	5	4	3
+	3	□	6
	8	9	□

	2	6	□
+	□	2	3
	8	8	7

2. Fülle auch hier die Lücken. Achte auf die Überträge.

	2	4	7
+	2	2	□
		1	
	□	7	5

	3	4	9
+	1	□	8
		1	
	□	7	7

	6	1	8
+	3	0	□
		1	
	9	□	2

	4	7	□
+	□	5	5
	1		
	7	2	8

	5	8	2
+	3	□	7
	1		
	9	2	□

	3	9	9
+	2	3	□
	1	1	
	□	3	3

	6	2	□
+	□	9	8
	1	1	
	8	2	1

	4	7	6
+		9	□
	1	1	
	□	7	2

	□	3	8
+	1	8	6
	1	1	
	5	2	□

	8	7	□
+	□	2	1
	1	1	
1	0	0	0

3. Lange Aufgaben.

	2	1	7
+	3	4	□
+		6	0
	1		
	□	1	9

	1	3	9
+	□	1	4
+	1	□	6
		1	
	4	7	9

	6	3	8
+		4	4
+	□	1	□
		1	
	7	9	8

	3	2	1
+	2	□	6
+	2	6	3
		1	
	7	9	□

	5	□	0
+	3	1	4
+	□	5	3
	1		
1	0	2	7

	1	9	4
+	2	7	3
+		9	□
	□	1	
	5	6	5

	2	8	5
+	1	1	□
+	□	3	8
	1	2	
	5	4	0

	3	2	□
+	2	7	4
+	1	□	8
	1	1	
	7	8	8

	4	9	9
+	2	3	8
+	2	□	□
	1	2	
	9	8	4

	6	0	5
+	2	□	8
+	□	3	4
	1	1	
1	0	1	7

4. Hier fehlen immer drei Ziffern.

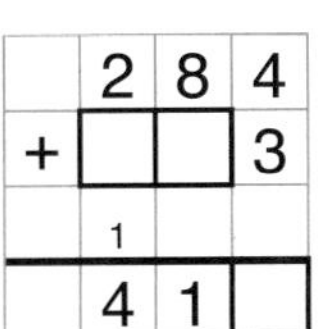

	2	8	4
+	□	□	3
	1		
	4	1	□

	3	9	□
+	□	7	6
	1	1	
	7	□	1

	4	□	□
+	2	4	6
	1	1	
	□	4	5

	6	□	8
+	□	2	6
	1	1	
	8	0	□

Addieren mit Kommazahlen

1. Überschlage zuerst. Addiere dann schriftlich.

13,35 € + 4,79 €

Ü: 13 € + 5 € = 18 €

	1	3,	3	5	€	
+		4,	7	9	€	
		,			€	

38,95 € + 6,07 €

Ü:

51,60 € + 9,25 €

Ü:

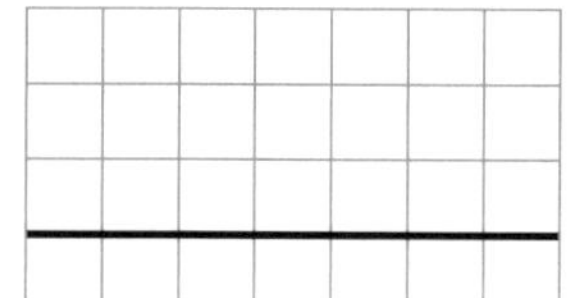

7,98 € + 21,10 €

Ü:

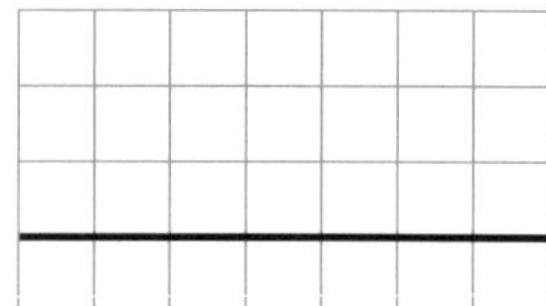

3,95 € + 6,24 €

Ü:

29,90 € + 34,86 €

Ü:

92,10 € + 11,36 €

Ü:

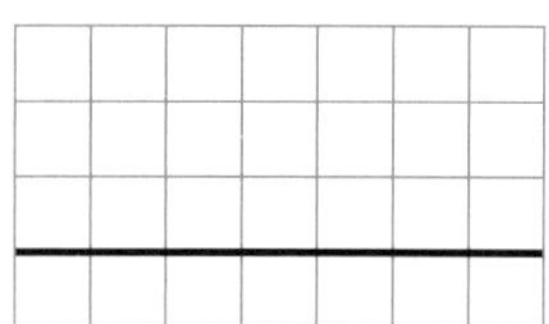

89,42 € + 16,98 €

Ü:

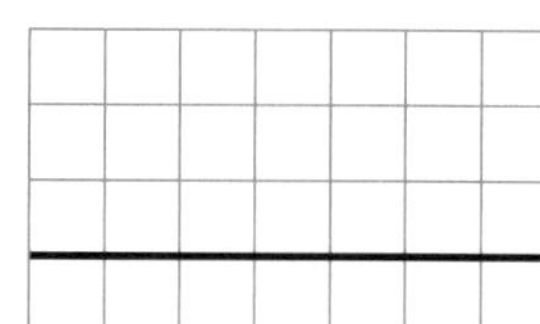

40,63 € + 71,99 €

Ü:

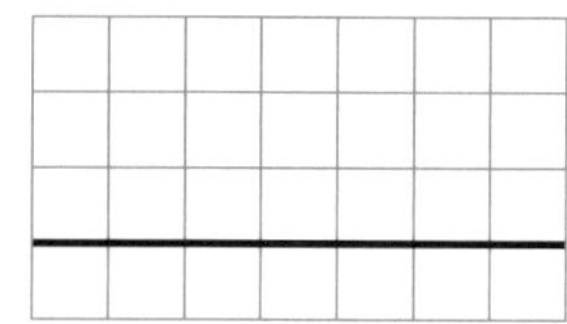

2. Überprüfe die Aufgaben. Markiere die Fehler farbig und kreuze an.

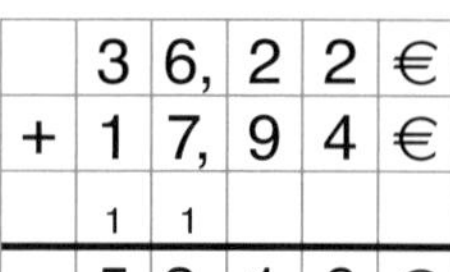

	3	6,	2	2	€
+	1	7,	9	4	€
	1	1			
	5	3,	1	6	€

❑ ***richtig***
❑ ***falsch***

	2	7,	9	9	€
+	1	9,	9	5	€
	1	1	1		
	4	7	9,	4	€

❑ ***richtig***
❑ ***falsch***

	4	8,	0	7	€
+	5	2,	8	8	€
	1		1		
1	0	0,	9	5	€

❑ ***richtig***
❑ ***falsch***

	6	4,	3	5	€
+		7,	9	9	€
	1	1			
	7	2,	2	4	€

❑ ***richtig***
❑ ***falsch***

Addieren mit langen Zahlen

1. Rechne aus. Aufgaben ohne Übertrag.

	ZT	T	H	Z	E
	2	4	1	2	3
+	1	5	6	4	3

	ZT	T	H	Z	E
	5	0	7	5	2
+	3	8	2	4	7

	HT	ZT	T	H	Z	E
	5	4	3	2	8	0
+	2	4	5	6	1	9

	HT	ZT	T	H	Z	E
	8	1	3	2	7	0
+	1	8	4	5	2	6

2. Achte beim Rechnen auf die Überträge.

	7	1	5	2	6
+	2	6	3	9	2

	4	9	6	0	5
+	4	8	2	7	2

	3	5	6	8	2	4
+	2	1	2	5	6	3

	6	2	3	0	7	4
+	3	4	8	9	1	2

	2	7	2	5	6
+	3	6	4	2	8

	4	6	5	3	1
+	2	2	7	7	8

	3	0	7	4	3	3
+	1	2	6	9	4	2

	7	1	3	2	9	5
+	1	9	2	3	7	1

	7	5	2	2	8
+	2	7	8	1	9

	7	8	0	2	5
+	1	4	6	9	3

	5	9	5	2	1	2
+		6	1	0	9	8

		2	1	3	7	4
+	8	6	9	5	4	6

	1	2	2	3	5	2
+	2	4	3	1	8	8
+	1	7	3	1	2	0

	6	4	1	5	2	7
+	2	2	4	8	3	0
+		7	6	4	3	8

	1	7	8	3	2	4
+	2	4	5	6	0	3
+	1	3	2	4	3	5

	3	7	1	6	5	2
+	2	1	6	0	4	2
+	4	0	5	7	8	9

3. Schreibe stellengerecht untereinander. Rechne aus.

77384 + 18234

437212 + 162130

596418 + 172 031

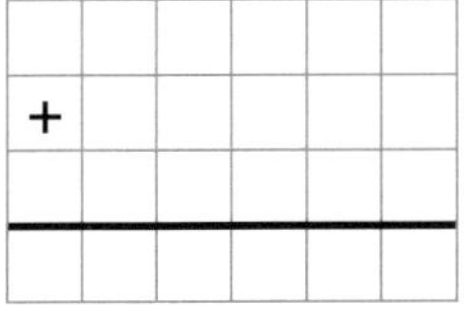

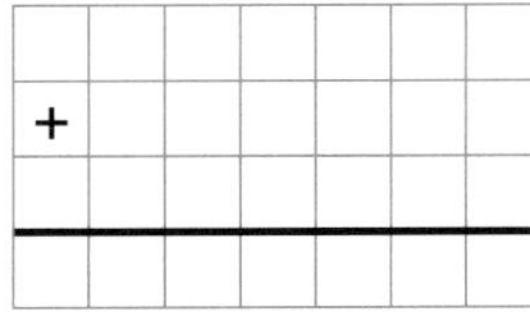

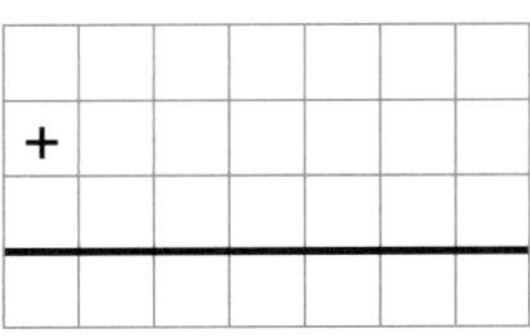

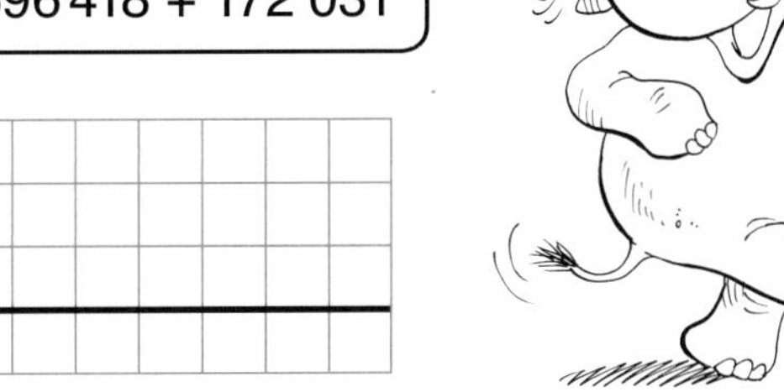

Halbschriftliches Subtrahieren – Wiederholen und üben

So geht es:

7	4	6	−	2	3	5	=	**5**	**1**	**1**
7	4	6	−	2	0	0	=	5	4	6
5	4	6	−		3	0	=	5	1	6
5	1	6	−			5	=	5	1	1

Die Zwischenergebnisse
musst du immer
wieder mitnehmen.

1. Subtrahiere halbschriftlich.

8	9	−	6	7	=		
8	9	−	6	0	=		
		−		7	=		

9	7	−	5	8	=		
9	7	−	5	0	=		
		−		8	=		

8	5	−	4	7	=		
8	5	−	4	0	=		
		−		7	=		

9	1	−	7	4	=		

8	8	−	6	9	=		

7	5	−	3	8	=		

9	0	−	6	4	=		

7	8	−	3	9	=		

8	4	−	6	5	=		

2. Subtrahiere auch hier.

5	3	8	−	2	2	7	=			
5	3	8	−	2	0	0	=			
			−		2	0	=			
			−			7	=			

6	9	5	−	3	4	8	=			
6	9	5	−	3	0	0	=			
			−		4	0	=			
			−			8	=			

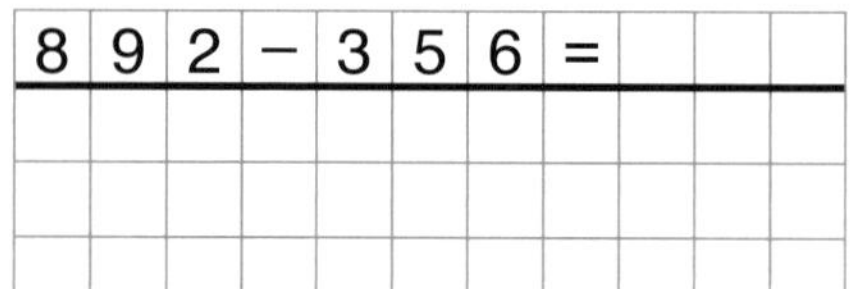

8	9	2	−	3	5	6	=			

7	4	8	−	4	5	3	=			

Schriftliche Subtraktion ohne Übertrag

So geht es:

1. Lasse eine Kästchenreihe oben frei.
2. Schreibe die Zahlen stellengerecht untereinander.
3. Schreibe das Minus-Zeichen dazu.
4. Ziehe einen Strich.

Merkblatt
Das Abziehverfahren

Beispiel:

995 – 463

Rechne von hinten nach vorne!

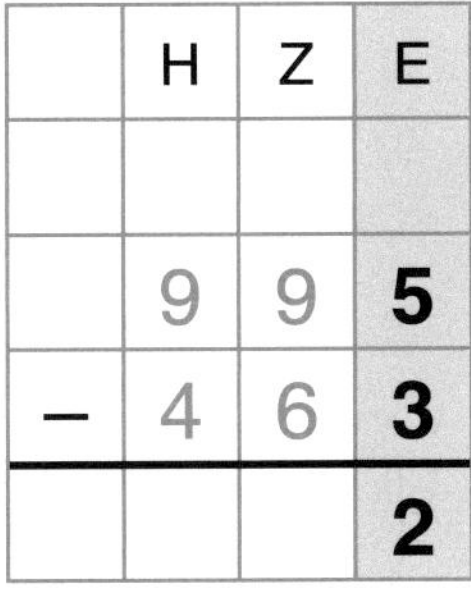

	H	Z	E
	9	9	**5**
–	4	6	**3**
			2

5 E – 3 E = **2** E

Schreibe **2** Einer in das Ergebnis!

	H	Z	E
	9	**9**	5
–	4	**6**	3
		3	2

9 Z – 6 Z = **3** Z

Schreibe **3** Zehner in das Ergebnis!

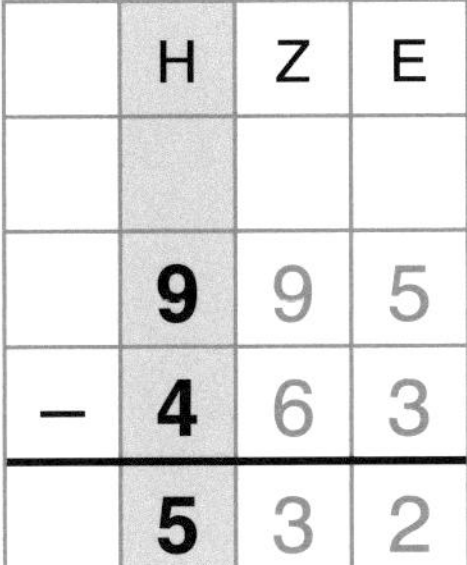

	H	Z	E
	9	9	5
–	**4**	6	3
	5	3	2

9 H – 4 H = **5** H

Schreibe **5** Hunderter in das Ergebnis!

Schriftliche Subtraktion ohne Übertrag

Merkblatt
Das Ergänzungsverfahren

So geht es:

1. Schreibe die Zahlen stellengerecht untereinander.
2. Schreibe das Minus-Zeichen dazu.
3. Lasse eine Kästchenreihe frei und ziehe einen Strich.

Beispiel:

995 – 463

Rechne von hinten nach vorne!

	H	Z	E
	9	9	**5**
–	4	6	**3**
			2

3 E + ... E = 5 E

3 E + **2** E = 5 E

Schreibe **2** Einer in das Ergebnis!

	H	Z	E
	9	**9**	5
–	4	**6**	3
		3	2

6 Z + ... Z = 9 Z

6 Z + **3** Z = 9 Z

Schreibe **3** Zehner in das Ergebnis!

	H	Z	E
	9	9	5
–	**4**	6	3
	5	3	2

4 H + ... H = 9 H

4 H + **5** H = 9 H

Schreibe **5** Hunderter in das Ergebnis!

Subtrahieren ohne Übertrag

1. Subtrahiere schriftlich.

	H	Z	E
		8	9
−		2	3

	H	Z	E
		9	6
−		4	5

	H	Z	E
		6	7
−		3	4

	H	Z	E
		5	9
−		2	3

	H	Z	E
		8	6
−		7	2

	H	Z	E
	6	3	7
−	2	1	3

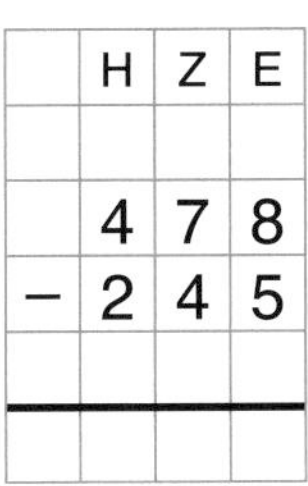

	H	Z	E
	4	7	8
−	2	4	5

	H	Z	E
	9	5	6
−	3	1	2

	H	Z	E
	3	3	6
−	1	2	5

	H	Z	E
	4	9	3
−	3	7	2

	5	8	5
−	2	6	4

	7	9	4
−	5	3	3

	6	8	1
−	4	4	1

	9	5	6
−	3	2	5

	4	6	7
−	2	1	6

2. Subtrahiere.

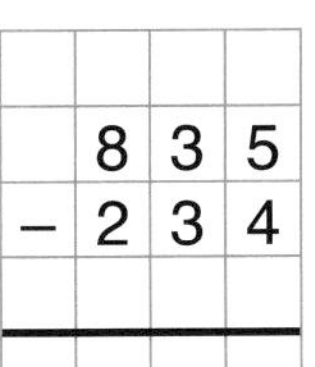

	8	3	5
−	2	3	4

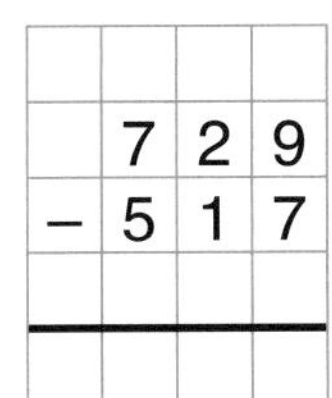

	7	2	9
−	5	1	7

	5	6	7
−	4	5	3

	9	8	8
−	3	7	6

	3	9	1
−	2	4	1

	9	6	7
−	6	4	3

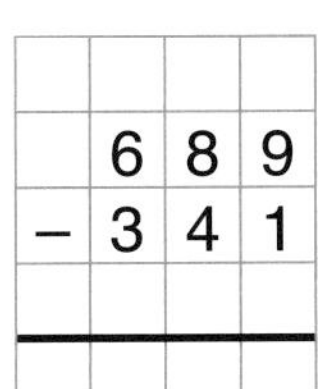

	6	8	9
−	3	4	1

	4	4	9
−	2	3	5

	5	9	8
−	3	6	1

	7	9	9
−	6	9	3

	3	8	2
−	2	1	1

	8	4	6
−	5	1	3

	9	3	8
−	7	2	5

	6	5	9
−	4	1	2

	6	9	8
−	1	2	6

Subtrahieren mit der Null und mit Stellenunterschied

1. Subtrahiere schriftlich.

739	584	279	641	958
− 205	− 430	− 108	− 320	− 407

386	671	863	785	599
− 130	− 201	− 460	− 485	− 109

2. Subtrahiere auch hier schriftlich. Achte auf den Stellenunterschied.

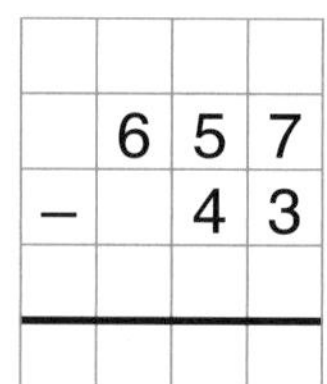

587	657	896	549	789
− 52	− 43	− 80	− 46	− 69

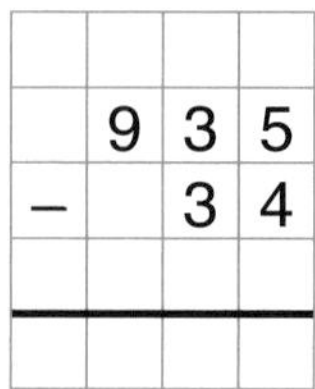

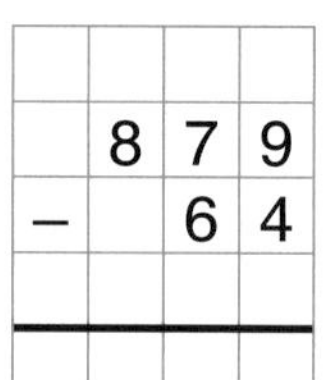

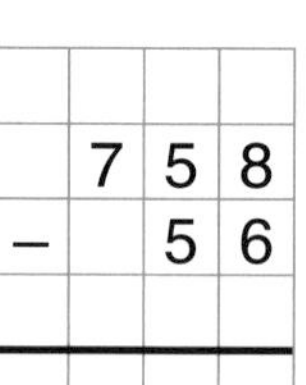

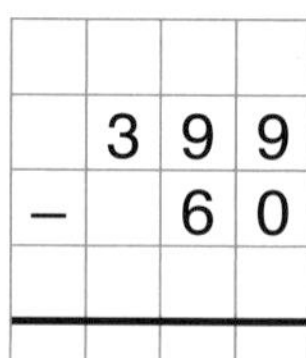

935	879	758	399	578
− 34	− 64	− 56	− 60	− 72

3. Schreibe stellengerecht untereinander. Rechne aus.

511 – 101 | 689 – 270 | 966 – 36 | 785 – 504 | 837 – 22

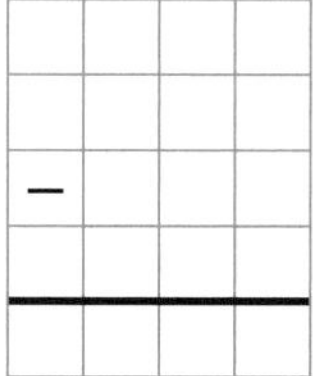

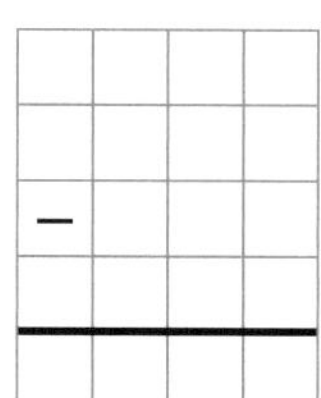

Schriftliche Subtraktion mit einem Übertrag

So geht es:

1. Lasse eine Kästchenreihe oben frei.
2. Schreibe die Zahlen stellengerecht untereinander.
3. Schreibe das Minus-Zeichen dazu.
4. Ziehe einen Strich.

Merkblatt
Das Abziehverfahren

Beispiel:

685 – 249

Rechne von hinten nach vorne!

	H	Z	E
		7	15
	6	~~8~~	~~5~~
–	2	4	9
			6

5 E – 9 E = geht nicht!
Tausche 1 Zehner in 10 Einer.
7 Zehner bleiben übrig.
Addiere die **10 E** zu den **5 E** dazu:
15 E – 9 E = 6 E
Schreibe **6** Einer in das Ergebnis!

	H	Z	E
		7	15
	6	~~8~~	~~5~~
–	2	4	9
		3	6

7 Z – 4 Z = 3 Z
Schreibe **3** Zehner in das Ergebnis!

	H	Z	E
		7	15
	6	~~8~~	~~5~~
–	2	4	9
	4	3	6

6 H – 2 H = 4 H
Schreibe **4** Hunderter in das Ergebnis!

Schriftliche Subtraktion mit einem Übertrag

Merkblatt
Das Ergänzungsverfahren

So geht es:

1. Schreibe die Zahlen stellengerecht untereinander.
2. Schreibe das Minus-Zeichen dazu.
3. Lasse eine Kästchenreihe frei und ziehe einen Strich.

Beispiel:

685 – 249

Rechne von hinten nach vorne!

	H	Z	E
			10
	6	8	**5**
–	2	4	**9**
		1	
			6

9 E + ... E = 5 E geht nicht!
Nimm oben 10 Einer dazu, unten 1 Zehner dazu.
Der Unterschied bleibt gleich.
9 E + ... E = 15 E
9 E + **6** E = 15 E
Schreibe **6** Einer in das Ergebnis!

	H	Z	E
			10
	6	**8**	5
–	2	**4**	9
		1	
		3	6

1 Z + 4 Z = 5 Z
5 Z + ... Z = 8 Z
5 Z + **3** Z = 8 Z
Schreibe **3** Z in das Ergebnis!

	H	Z	E
			10
	6	8	5
–	**2**	4	9
		1	
	4	3	6

2 H + ... H = 6 H
2 H + **4** H = 6 H
Schreibe **4** Hunderter in das Ergebnis!

© Verlag an der Ruhr | Autorin: Stephanie Cech-Wenning | Illustrationen: Norbert Höveler | ISBN 978-3-8346-3584-6

Subtrahieren mit einem Übertrag

1. Subtrahiere schriftlich. Achte auf den Übertrag.

	H	Z	E
	6	5	3
−	2	2	5

	H	Z	E
	7	8	4
−	3	2	6

	H	Z	E
	9	7	3
−	4	2	7

	H	Z	E
	8	4	6
−	2	1	7

	H	Z	E
	5	8	7
−	3	4	9

	H	Z	E
	5	4	7
−	2	5	3

	H	Z	E
	8	1	6
−	4	3	5

	H	Z	E
	7	2	9
−	3	8	6

	H	Z	E
	8	3	5
−	2	6	4

	H	Z	E
	9	5	8
−	5	7	3

2. Subtrahiere. Achte auch hier auf den Übertrag.

	7	2	4
−	3	1	8

	6	9	5
−	4	3	7

	3	4	8
−	1	5	7

	4	9	6
−	2	6	8

	7	7	3
−	4	5	9

	9	5	2
−	4	1	8

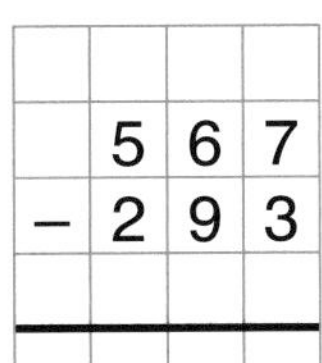

	5	6	7
−	2	9	3

	4	9	5
−	1	2	8

	6	7	7
−	4	5	8

	3	8	9
−	1	9	7

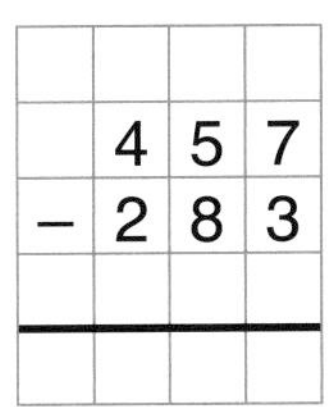

	4	5	7
−	2	8	3

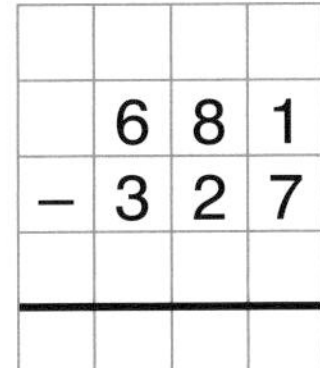

	6	8	1
−	3	2	7

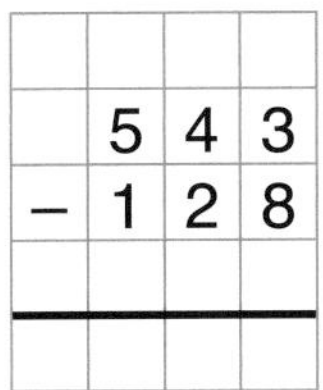

	5	4	3
−	1	2	8

	9	1	6
−	6	8	5

	7	6	2
−	5	4	8

Subtrahieren mit besonderen Aufgaben

1. Subtrahiere schriftlich. Achte auf den Übertrag.

390	770	640	720	490
− 178	− 348	− 226	− 403	− 139

870	490	780	760	940
− 325	− 248	− 453	− 312	− 628

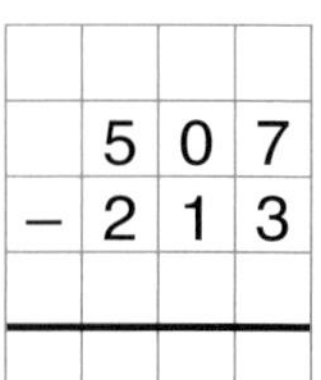
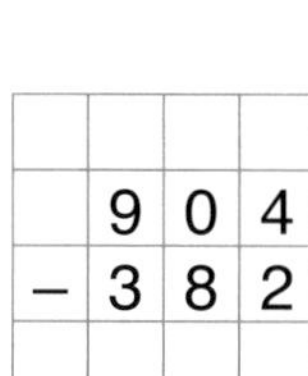
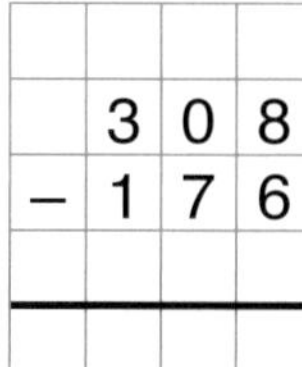
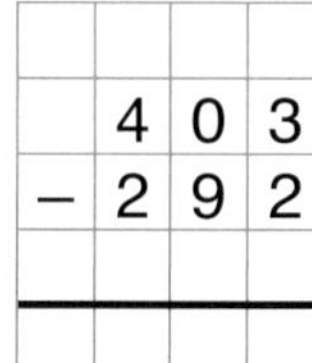

507	904	308	403	706
− 213	− 382	− 176	− 292	− 435

2. Subtrahiere schriftlich.

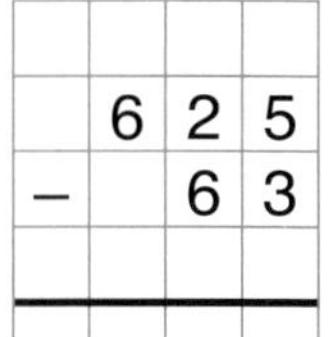
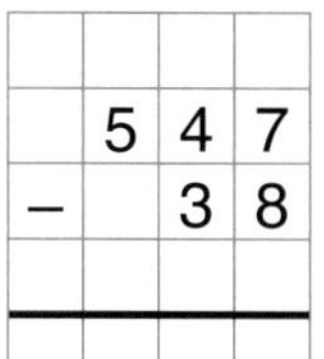
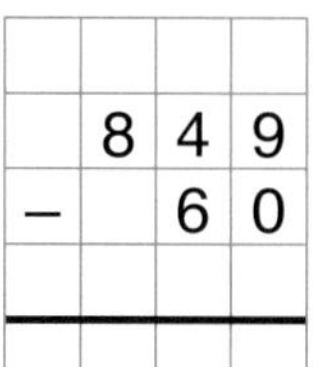

625	547	849	730	568
− 63	− 38	− 60	− 28	− 95

3. Schreibe stellengerecht untereinander. Rechne aus.

827 – 35 | 752 – 30 | 508 – 26 | 391 – 78 | 626 – 209

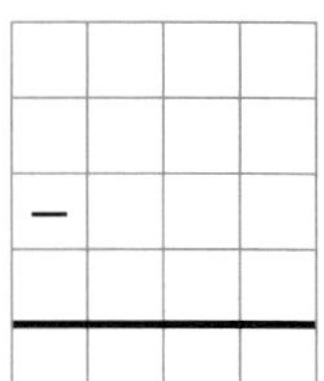
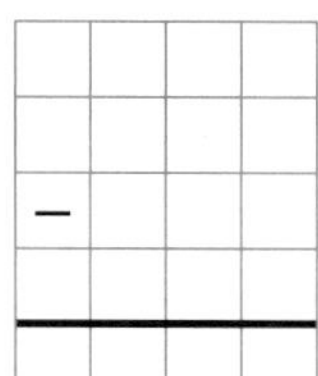
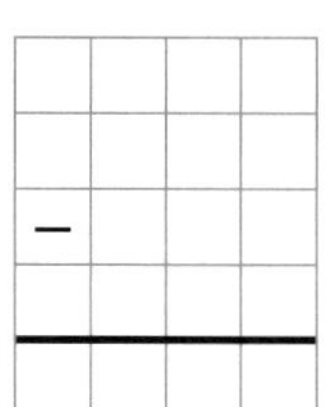

Schriftliche Subtraktion mit mehreren Überträgen

Merkblatt
Das Abziehverfahren

So geht es:

1. Lasse eine Kästchenreihe oben frei.
2. Schreibe die Zahlen stellengerecht untereinander.
3. Schreibe das Minus-Zeichen dazu.
4. Ziehe einen Strich.

Beispiel:

525 – 358

Rechne von hinten nach vorne!

	H	Z	E
		1	15
	5	2	5
–	3	5	8
			7

5 E – 8 E = geht nicht!
Tausche 1 Zehner in 10 Einer.
1 Zehner bleibt übrig.
Addiere die 10 E zu den 5 E dazu:
15 E – 8 E = 7 E
Schreibe **7** Einer in das Ergebnis!

	H	Z	E
	4	11	15
	5	2	5
–	3	5	8
		6	7

1 Z – 4 Z = geht nicht!
Tausche 1 Hunderter in 10 Zehner.
4 Hunderter bleiben übrig.
Addiere die 10 Z zu dem 1 Z dazu:
11 Z – 5 Z = 6 Z
Schreibe **6** Zehner in das Ergebnis!

	H	Z	E
	4	11	15
	5	2	5
–	3	5	8
	1	6	7

4 H – 3 H = 1 H
Schreibe **1** Hunderter in das Ergebnis!

Schriftliche Subtraktion mit mehreren Überträgen

So geht es:

1. Schreibe die Zahlen stellengerecht untereinander.
2. Schreibe das Minus-Zeichen dazu.
3. Lasse eine Kästchenreihe frei und ziehe einen Strich.

Beispiel:

525 – 358

Rechne von hinten nach vorne!

	H	Z	E
			10
	5	2	**5**
–	3	5	**8**
		1	
			7

8 E + ... E = 5 E geht nicht!

Nimm oben 10 Einer dazu, unten 1 Zehner dazu.
Der Unterschied bleibt gleich.

8 E + ... E = 15 E

8 E + **7** E = 15 E

Schreibe **7** Einer in das Ergebnis!

	H	Z	E
		10	10
	5	**2**	5
–	3	**5**	8
	1	1	
		6	7

1 Z + 5 Z = 6 Z

6 Z + ... Z = 2 Z geht nicht!

Nimm oben 10 Zehner dazu, unten 1 Hunderter dazu.
Der Unterschied bleibt gleich.

6 Z + ... Z = 12 Z

6 Z + **6** Z = 12 Z

Schreibe **6** Zehner in das Ergebnis!

	H	Z	E
		10	10
	5	2	5
–	**3**	5	8
	1	1	
	1	6	7

1 H + 3 H = 4 H

4 H + ... H = 5 H

4 H + **1** H = 5 H

Schreibe **1** Hunderter in das Ergebnis!

Subtrahieren mit mehreren Überträgen

1. Subtrahiere schriftlich. Achte auf die Überträge.

643	827	531	476	325
− 265	− 178	− 348	− 188	− 168

712	647	328	562	423
− 453	− 258	− 179	− 268	− 247

580	804	650	902	706
− 382	− 237	− 198	− 518	− 257

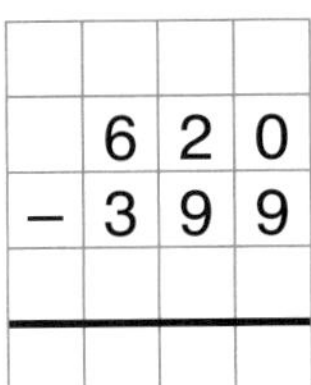

620	780	308	501	830
− 399	− 482	− 129	− 247	− 637

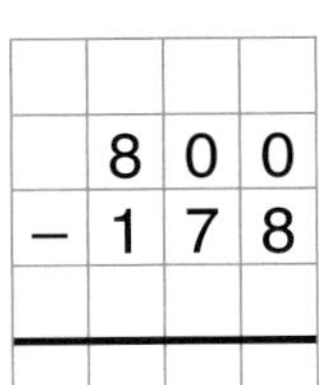

900	800	600	900	700
− 253	− 178	− 346	− 248	− 561

2. Schreibe stellengerecht untereinander. Rechne aus.

400 – 299 | 320 – 98 | 763 – 488 | 507 – 218 | 643 – 195

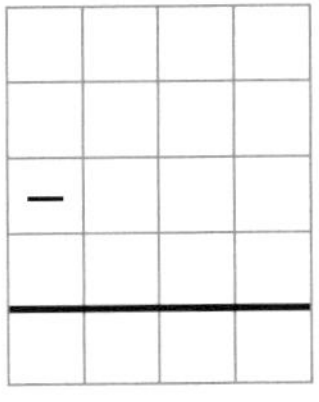

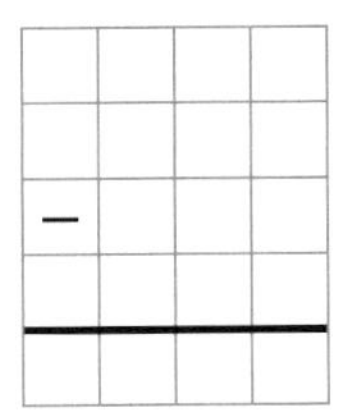

Subtrahieren mit Übertrag und Probe

Subtrahiere schriftlich. Mache die Probe mit der Plus-Aufgabe.

1.

673	847	982	739	820
− 244	− 452	− 315	− 564	− 319
429				

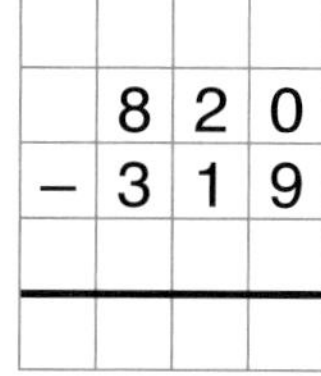
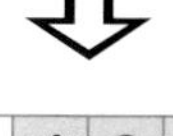

Probe:

429				
+ 244	+ 452	+ 315	+	+
1				
673				

2.

846	552	796	683	409
− 291	− 136	− 348	− 217	− 159

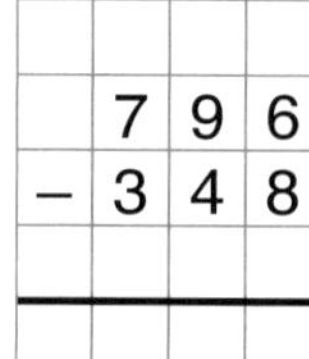
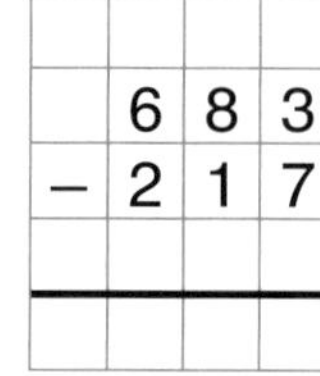

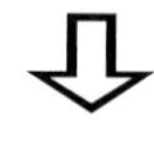
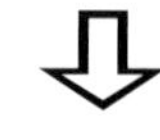

Probe:

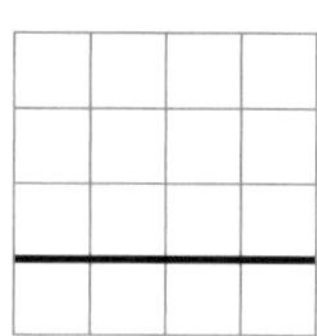
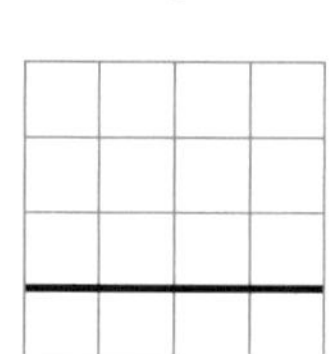
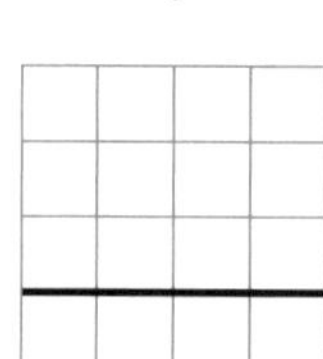
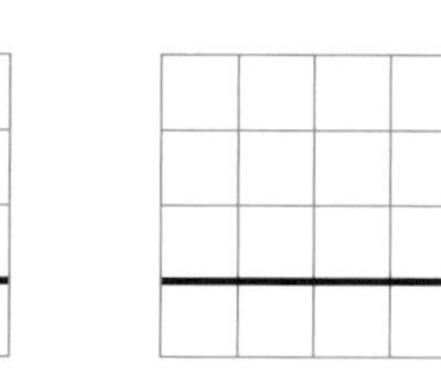
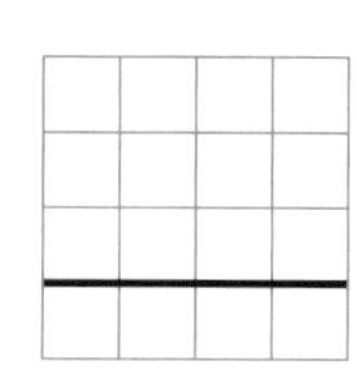

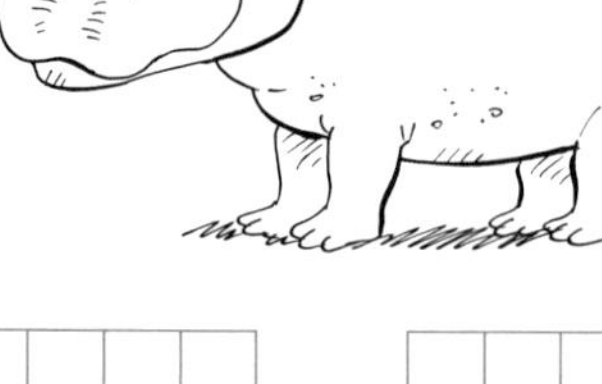

3.

733	904	820	578	636
− 256	− 487	− 699	− 279	− 389

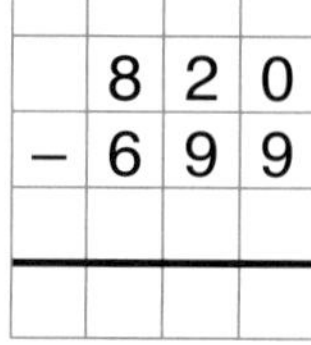
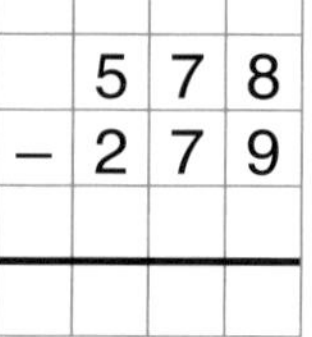
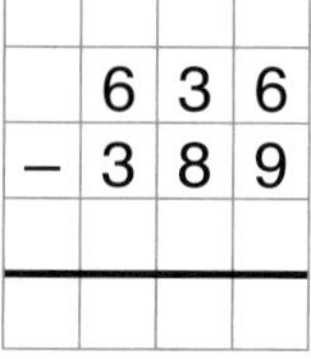

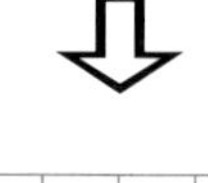
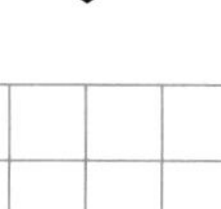

Probe:

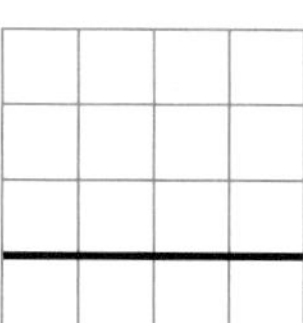
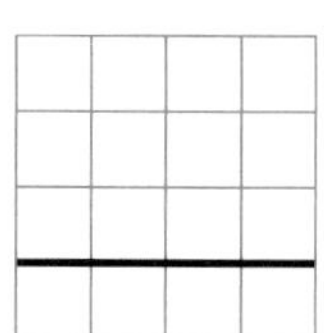
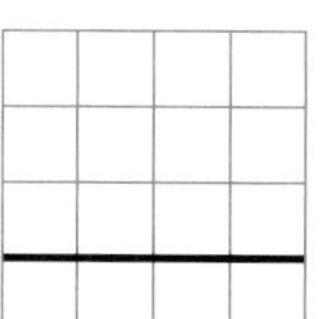
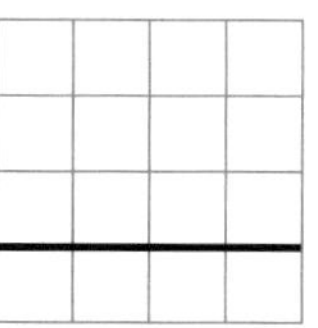
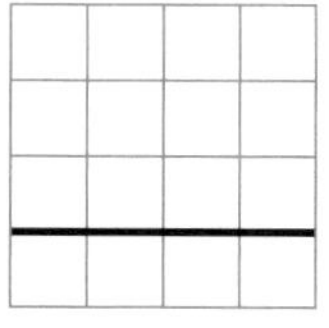

Subtrahieren mit mehreren Subtrahenden

So geht es:

	6	**7**	**8**
–	2	2	3
–	1	4	2
	3	1	3

Sollst du mehrere Zahlen von einer Zahl subtrahieren, musst du sie zuerst stellengerecht addieren:

2 E + 3 E = 5 E → Subtrahiere danach die 5 E von den 8 E.

4 Z + 2 Z = 6 Z → Subtrahiere danach die 6 Z von den 7 Z.

1 H + 2 H = 3 H → Subtrahiere danach die 3 H von den 6 H.

1. Aufgaben ohne Übertrag. Subtrahiere schriftlich.

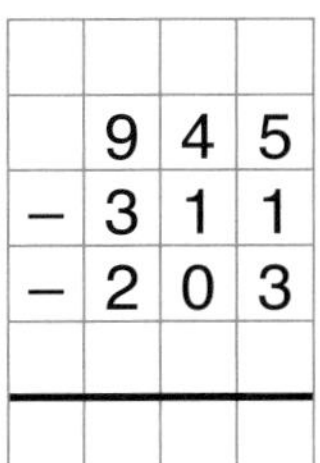

	9	4	5
–	3	1	1
–	2	0	3

	8	8	9
–	2	4	2
–	4	1	5

	7	7	6
–	3	3	1
–	3	1	2

	5	7	9
–	1	1	5
–		2	3

	8	7	6
–		5	4
–	2	1	1

2. Aufgaben mit einem Übertrag.

	7	6	5
–	2	1	4
–	1	2	3

	5	9	2
–	1	2	5
–	1	4	5

	6	8	3
–	2	5	1
–	3	2	4

	7	7	6
–	3	0	8
–	2	1	7

	9	5	4
–	2	3	7
–	1	1	6

	9	2	8
–	2	3	1
–	2	5	4

	8	1	9
–	3	4	5
–	1	6	2

	7	3	7
–	1	2	5
–	1	8	1

	6	4	9
–	2	3	0
–	2	4	7

	8	0	7
–	3	3	2
–	1	6	5

	6	3	7
–	1	1	2
–		4	0
–	1	2	3

	8	9	5
–	1	0	2
–	2	3	1
–		8	0

	7	6	2
–	2	0	0
–	1	3	4
–		1	8

	4	8	9
–		5	6
–	1	2	0
–	1	4	3

	5	8	2
–		1	7
–	2	3	1
–	2	0	4

Subtrahieren mit besonderen Überträgen

1. Aufgaben mit zwei Überträgen. Subtrahiere schriftlich.

843	926	657	486	700
− 255	− 148	− 308	− 150	− 262
− 143	− 75	− 269	− 238	− 237

914	756	582	874	631
− 153	− 299	− 169	− 355	− 217
− 247	− 103	− 121	− 149	− 124

2. Aufgaben mit höheren Überträgen.

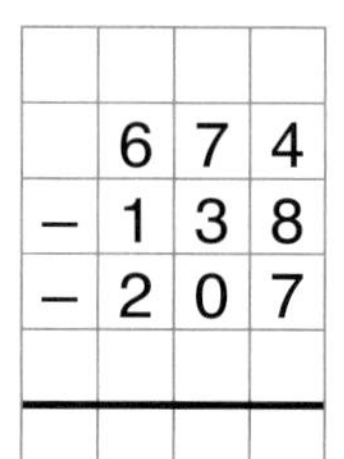
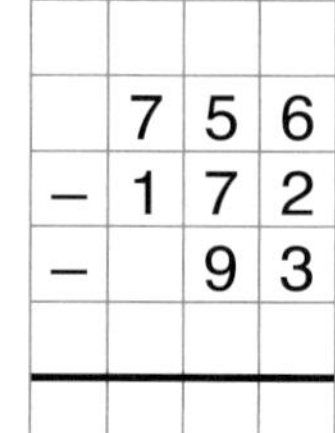

853	674	908	756	580
− 217	− 138	− 272	− 172	− 214
− 118	− 207	− 145	− 93	− 238

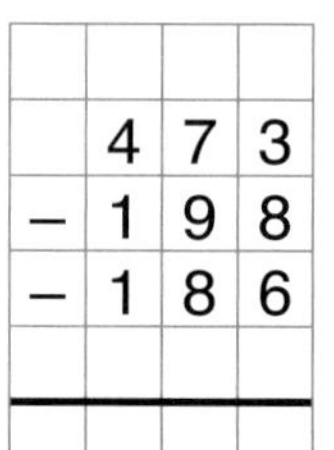

921	473	642	835	712
− 289	− 198	− 278	− 399	− 286
− 177	− 186	− 197	− 278	− 159

732	846	802	510	900
− 458	− 278	− 179	− 269	− 254
− 99	− 399	− 485	− 173	− 587

Subtrahieren mit Kommazahlen

1. Überschlage zuerst. Subtrahiere dann schriftlich.

39,25 € – 7,88 €

Ü: *39 € – 8 € = 31 €*

	3	9,	2	5	€	
–		7,	8	8	€	
		,			€	

52,99 € – 10,15 €

Ü: ....

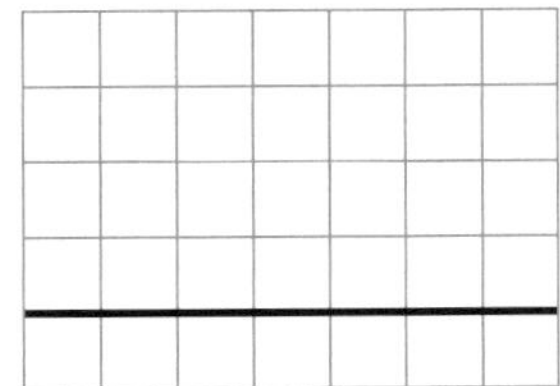

89,45 € – 28,30 €

Ü: ....

40,88 € – 32,90 €

Ü: ....

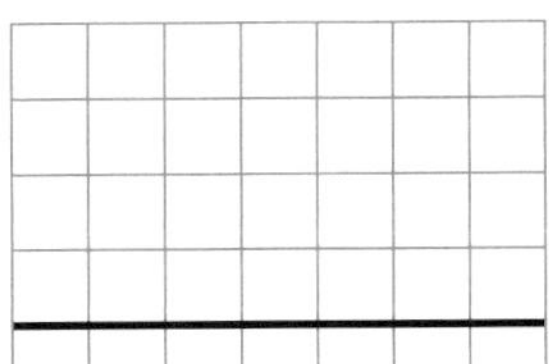

93,45 € – 4,97 €

Ü: ....

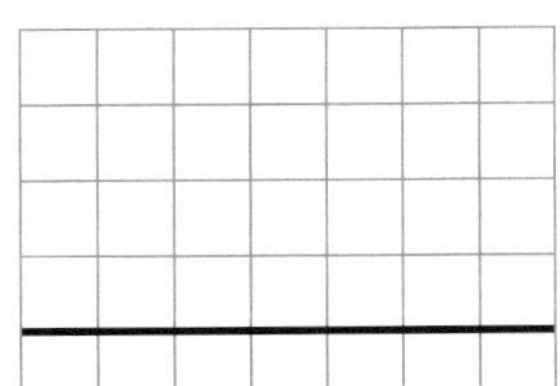

96,06 € – 12,39 €

Ü: ....

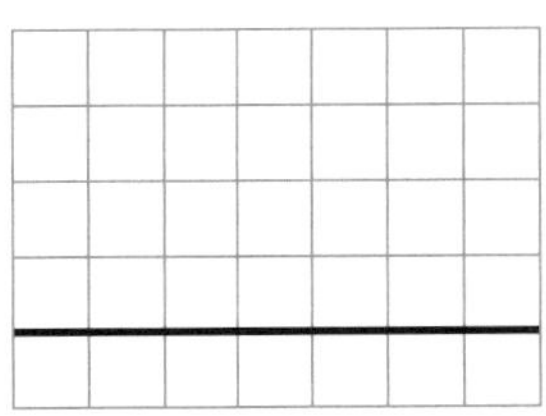

78,94 € – 47,93 €

Ü: ....

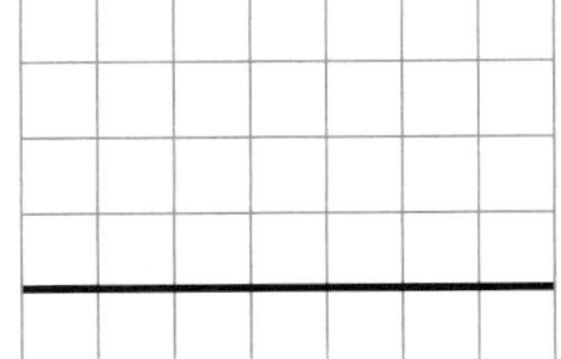

97,56 € – 8,59 €

Ü: ....

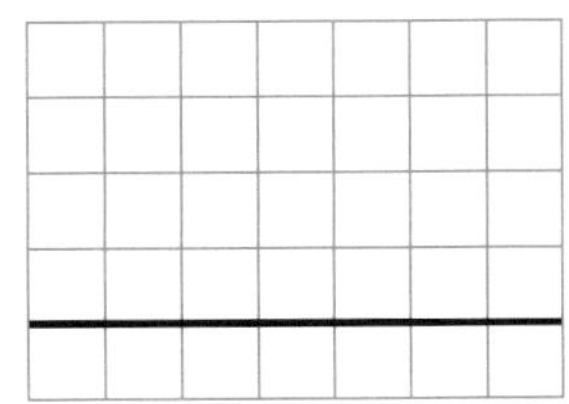

68,17 € – 34,86 €

Ü: ....

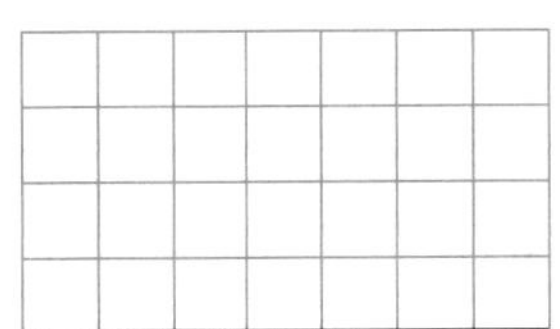

2. Überprüfe die Aufgaben. Markiere die Fehler farbig und kreuze an.

	8,	5	4	€
–	3,	6	2	€
	4,	9	2	€

❏ ***richtig***
❏ ***falsch***

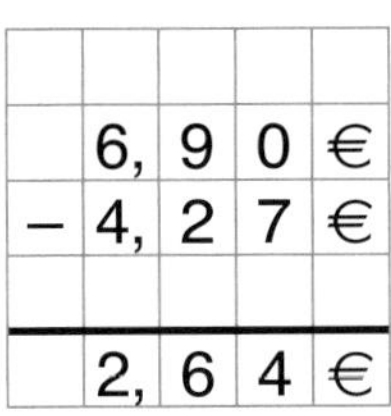

	6,	9	0	€
–	4,	2	7	€
	2,	6	4	€

❏ ***richtig***
❏ ***falsch***

	7,	3	3	€
–	5	4,	2	€
	2	1,	1	€

❏ ***richtig***
❏ ***falsch***

	9,	2	1	€
–	4,	8	0	€
	4,	4	1	€

❏ ***richtig***
❏ ***falsch***

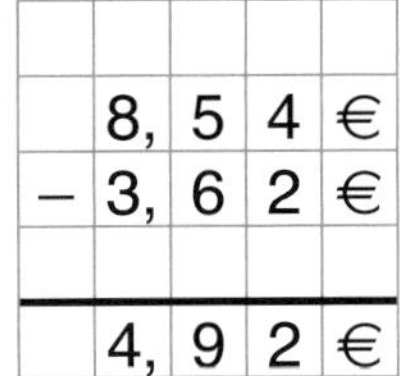

	8,	5	4	€
–	3,	6	2	€
	4,	9	2	€

❏ ***richtig***
❏ ***falsch***

Subtrahieren mit langen Zahlen

1. Rechne aus. Aufgaben ohne Übertrag.

	ZT	T	H	Z	E
	3	4	6	8	9
–	1	1	2	7	5

	ZT	T	H	Z	E
	9	8	7	3	2
–	4	6	5	1	2

	HT	ZT	T	H	Z	E
	8	5	4	8	8	8
–	4	5	0	7	5	3

	HT	ZT	T	H	Z	E
	7	3	2	9	6	5
–	5	1	2	8	3	4

2. Achte beim Rechnen auf die Überträge.

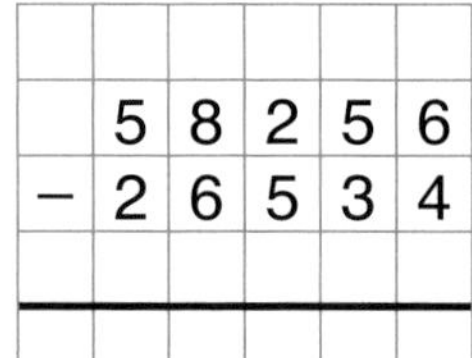

	5	8	2	5	6
–	2	6	5	3	4

	6	7	8	0	3
–	1	2	4	5	3

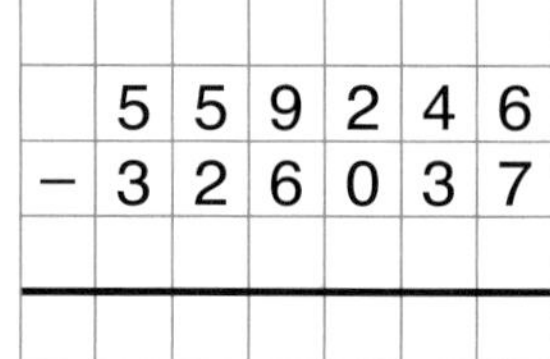

	5	5	9	2	4	6
–	3	2	6	0	3	7

	8	1	9	4	7	8
–	4	4	6	4	5	6

	9	6	7	2	5
–	2	2	3	6	4

	8	4	1	9	7
–	5	1	3	9	5

	4	9	0	8	2	7
–	4	1	4	8	1	5

	6	7	5	4	3	9
–	5	8	2	4	1	8

	8	3	4	7	6
–	4	7	3	2	8

	7	6	4	0	3
–	3	4	2	6	4

	5	1	0	6	9	2
–	2	4	7	3	1	5

	9	0	3	4	5	1
–	1	7	2	5	6	6

	9	2	7	2	4	8
–	2	1	4	3	1	2
–	1	0	1	1	4	3

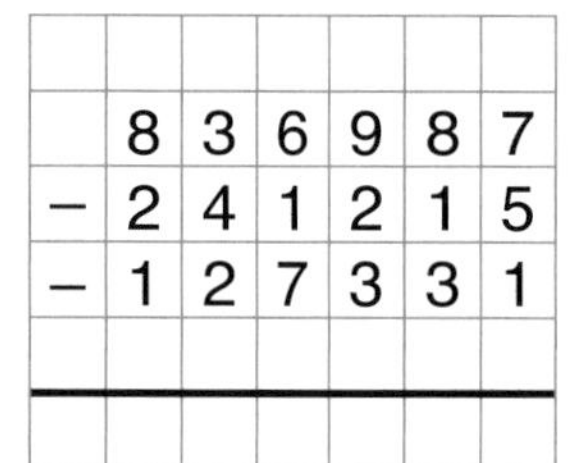

	8	3	6	9	8	7
–	2	4	1	2	1	5
–	1	2	7	3	3	1

	6	4	3	2	0	7
–	1	5	1	1	2	1
–	2	3	1	1	4	8

	7	1	6	2	1	2
–	3	0	2	4	3	1
–	1	2	5	8	2	7

3. Schreibe stellengerecht untereinander. Rechne aus.

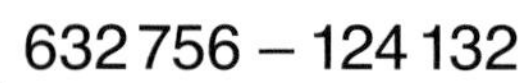

632 756 – 124 132

567 304 – 265 816

438 907 – 75 225

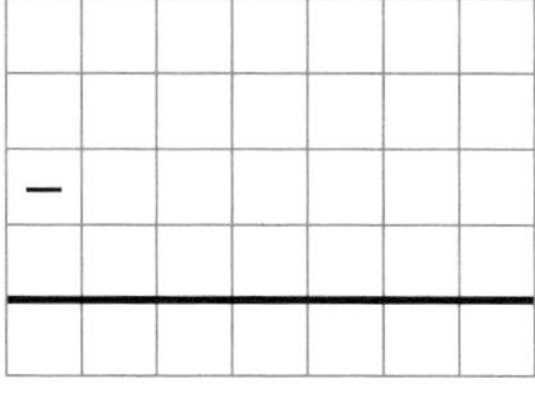

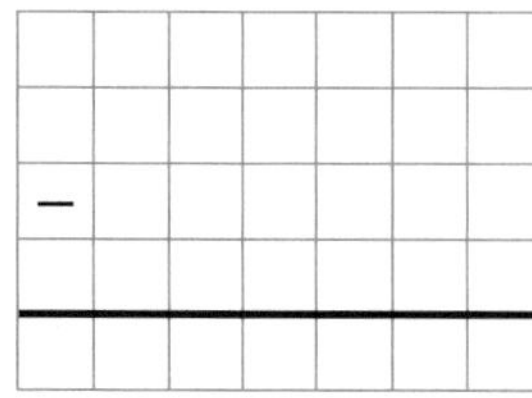

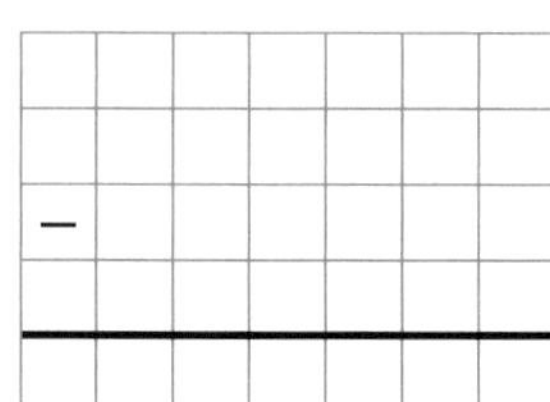

Halbschriftliches Multiplizieren – Wiederholen und üben

So geht es:

6 · 274 = 1644
6 · 200 = 1200
6 · 70 = 420
6 · 4 = 24

1. Multipliziere halbschriftlich.

3 · 25 =	6 · 34 =	7 · 58 =
3 · 20 =	6 · 30 =	7 · 50 =
3 · 5 =	6 · 4 =	7 · 8 =

47 · 5 =	86 · 3 =	95 · 4 =
40 · 5 =	80 · 3 =	90 · 4 =
7 · 5 =	6 · 3 =	5 · 4 =

6 · 57 =	8 · 62 =	3 · 87 =
6 · =	· =	· =
6 · =	· =	· =

2. Multipliziere auch hier.

8 · 245 =	5 · 397 =	9 · 418 =
8 · 200 =	· =	· =
8 · 40 =	· =	· =
8 · 5 =	· =	· =

752 · 2 =	643 · 6 =	360 · 8 =
700 · 2 =	· =	· =
50 · 2 =	· =	· =
2 · 2 =	· =	· =

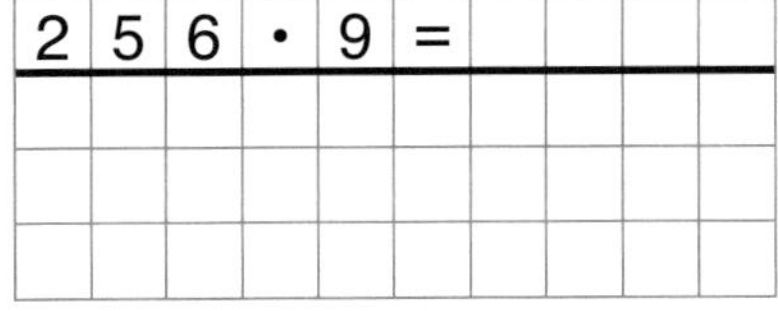

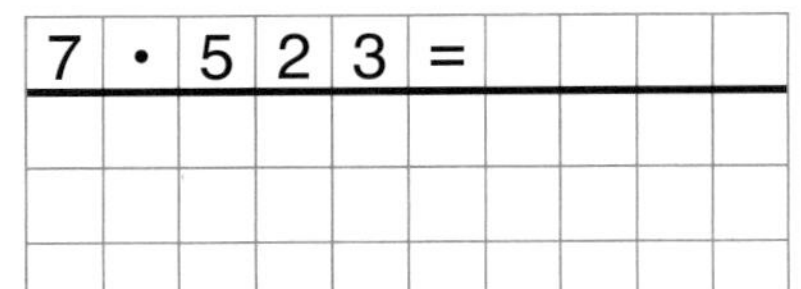

256 · 9 =	7 · 523 =	399 · 4 =

Schriftliche Multiplikation mit einstelligen Zahlen

So geht es:

1. Schreibe die Aufgabe auf.
2. Ziehe darunter einen Strich.

Beispiel:

369 • 4

Rechne von hinten nach vorne!

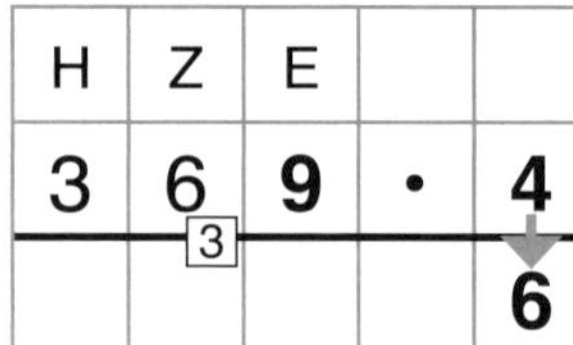

H	Z	E		
3	6	**9**	•	**4**
	3			
				6

4 • 9 = 3**6**

Schreibe **6**, merke 3.

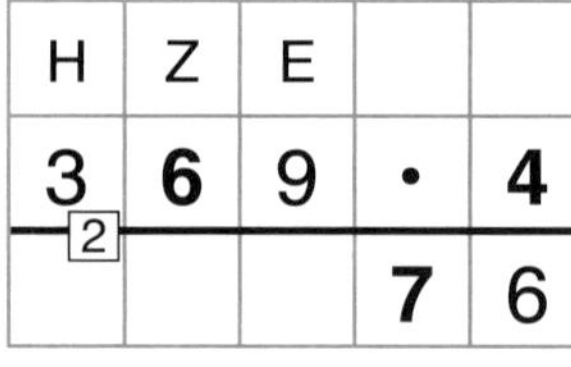

H	Z	E		
3	**6**	9	•	**4**
2				
			7	6

4 • 6 = 24

24 + 3 = 2**7**

Schreibe **7**, merke 2.

H	Z	E		
3	6	9	•	**4**
	1	**4**	7	6

4 • 3 = 12

12 + 2 = **14**

Schreibe **14.**

Multiplizieren mit einstelligen Zahlen

1. Multipliziere schriftlich.

H	Z	E		
2	3	4	·	3

H	Z	E		
3	5	2	·	4

H	Z	E		
1	8	4	·	5

H	Z	E		
2	7	6	·	4

H	Z	E		
3	9	2	·	6

H	Z	E		
1	5	4	·	8

H	Z	E		
2	3	7	·	3

H	Z	E		
4	9	2	·	7

H	Z	E		
6	5	3	·	3

H	Z	E		
2	3	9	·	9

H	Z	E		
1	7	8	·	8

H	Z	E		
3	4	1	·	6

H	Z	E		
4	1	7	·	7

H	Z	E		
5	3	1	·	4

H	Z	E		
3	8	5	·	5

H	Z	E		
2	2	7	·	9

2. Multipliziere.

2135 · 5

3798 · 2

1746 · 6

4285 · 3

1972 · 9

2458 · 7

2346 · 4

1579 · 8

3156 · 3

4199 · 2

1875 · 6

2415 · 5

5614 · 2

2137 · 8

3594 · 3

1682 · 7

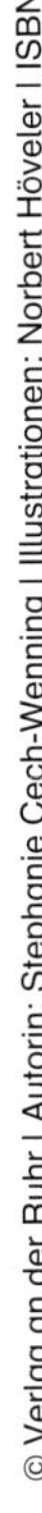

Multiplizieren mit der Null

1. Multipliziere schriftlich.

3403 · 2	2970 · 4	5303 · 5	2019 · 8
4072 · 7	6075 · 5	2350 · 6	1706 · 9
2900 · 4	6300 · 5	8002 · 7	5008 · 6
3010 · 8	2070 · 9	3001 · 4	8070 · 2
1010 · 7	3090 · 5	3100 · 6	2020 · 2

2. Überprüfe die Aufgaben. Markiere die Fehler farbig und kreuze an.

4231 · 5 = 21160	3018 · 6 = 18068	2904 · 8 = 23232
❑ ***richtig*** ❑ ***falsch***	❑ ***richtig*** ❑ ***falsch***	❑ ***richtig*** ❑ ***falsch***
1670 · 9 = 9030	2059 · 7 = 14413	3108 · 3 = 9324
❑ ***richtig*** ❑ ***falsch***	❑ ***richtig*** ❑ ***falsch***	❑ ***richtig*** ❑ ***falsch***

Schriftliche Multiplikation mit zweistelligen Zahlen

So geht es:

1. Schreibe die Aufgabe auf.
2. Ziehe darunter einen Strich.
3. Beginne mit der höchsten Stelle des zweiten Faktors.

Beispiel:

258 • 36

Rechne von hinten nach vorne!

				Z	E
2 [1]	5 [2]	8	•	**3**	6
		7	**7**	**4**	

Beginne mit dem Zehner!

3 • 8 = 24

Schreibe **4**, merke [2].

3 • 5 = 15 und 15 + [2] = 17

Schreibe **7**, merke [1].

3 • 2 = 6 und 6 + [1] = **7**

Schreibe **7.**

				Z	E
2 [3]	5 [4]	8	•	3	**6**
		7	7	4	
		1	**5**	**4**	**8**

Multipliziere nun die Einer!

6 • 8 = 4**8**

Schreibe **8**, merke [4].

6 • 5 = 30 und 30 + [4] = 3**4**

Schreibe **4**, merke [3].

6 • 2 = 12 und 12 + [3] = **15**

Schreibe **15.**

				Z	E
2	5	8	•	3	**6**
[3]	[4]	7	7	4	
	+	1	5	4	8
		1			
		9	**2**	**8**	**8**

Ziehe einen Strich unter die beiden Ergebnisse.

Addiere die beiden Zwischenergebnisse schriftlich.

Multiplizieren mit Zehnerzahlen

So geht es:

				Z	E
3	1	2	·	4	0
	1	2	4	8	
			0	0	0
	1	2	4	8	0

oder kürzer:

				Z	E
3	1	2	·	4	**0**
	1	2	4	8	**0**

1. Multipliziere schriftlich. Schreibe ausführlich.

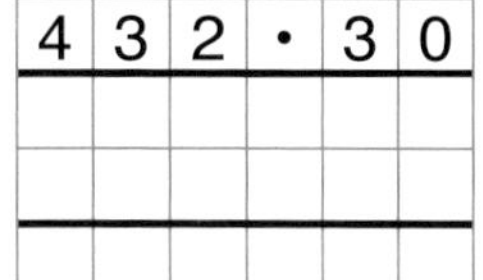
432 · 30

527 · 20

354 · 40

287 · 50

198 · 60

245 · 70

328 · 30

157 · 80

370 · 40

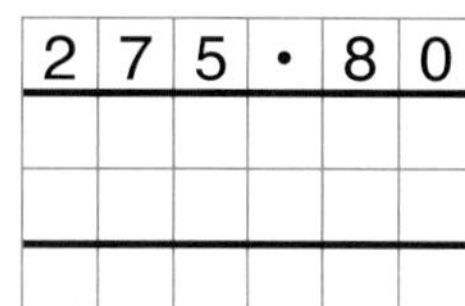
275 · 80

516 · 50

209 · 90

2. Multipliziere auch hier. Schreibe kürzer.

2742 · 30

3625 · 50

2980 · 40

2193 · 70

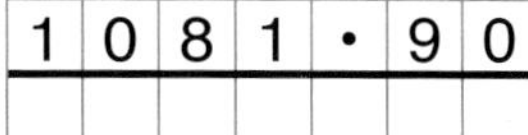
1081 · 90

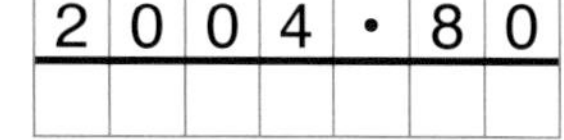
2004 · 80

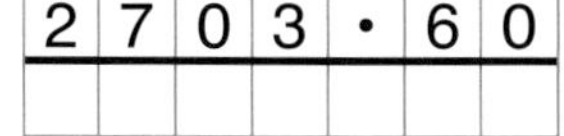
2703 · 60

5032 · 50

Multiplizieren mit zweistelligen Zahlen

1. Multipliziere schriftlich. Schreibe ausführlich.

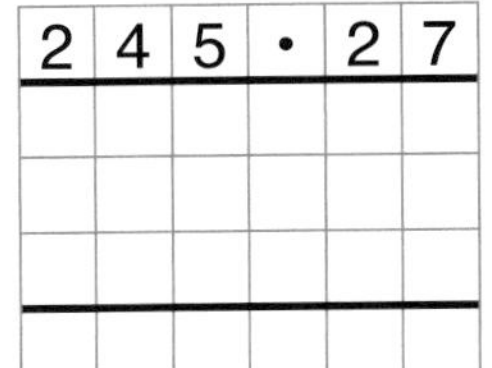

245 · 27 | 313 · 32 | 158 · 24 | 239 · 48

361 · 18 | 472 · 59 | 293 · 63 | 152 · 97

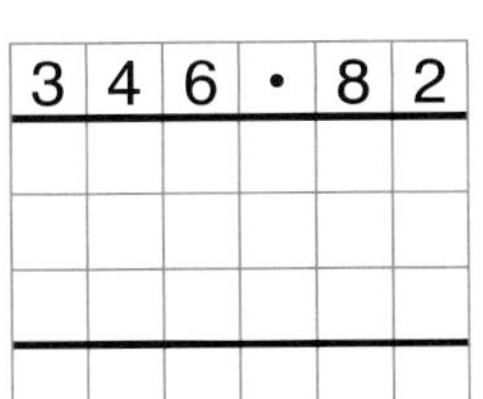

502 · 86 | 224 · 75 | 179 · 23 | 230 · 54

299 · 38 | 346 · 82 | 487 · 16 | 264 · 73

111 · 11 | 999 · 99 | 421 · 18 | 310 · 77

2. Überprüfe die Aufgaben. Markiere die Fehler farbig und kreuze an.

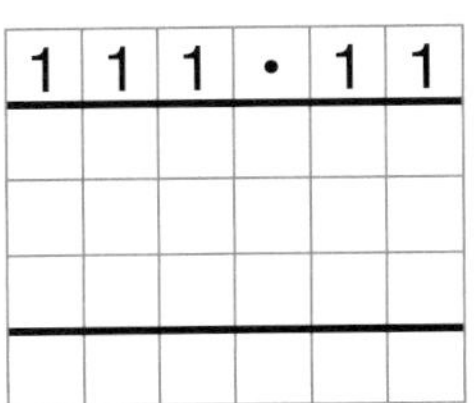

1	3	4	·	7	5
		9	3	8	
			6	7	0
		1	1		
	1	0	0	5	0

❑ richtig
❑ falsch

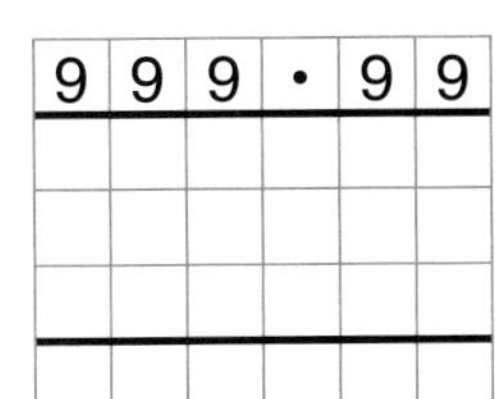

2	4	8	·	3	6
		6	2	4	
		1	2	4	8
		7	4	8	8

❑ richtig
❑ falsch

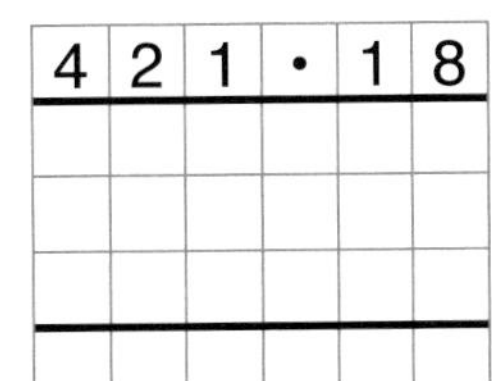

4	0	1	·	9	2
		3	6	0	9
			8	0	2
				1	
		4	4	1	1

❑ richtig
❑ falsch

6	3	7	·	2	8
	1	2	7	4	
		5	0	9	6
			1		
	1	7	8	3	6

❑ richtig
❑ falsch

© Verlag an der Ruhr | Autorin: Stephanie Cech-Wenning | Illustrationen: Norbert Höveler | ISBN 978-3-8346-3584-6

Multiplizieren mit langen Zahlen

Multipliziere schriftlich.

3412 · 53

2708 · 24

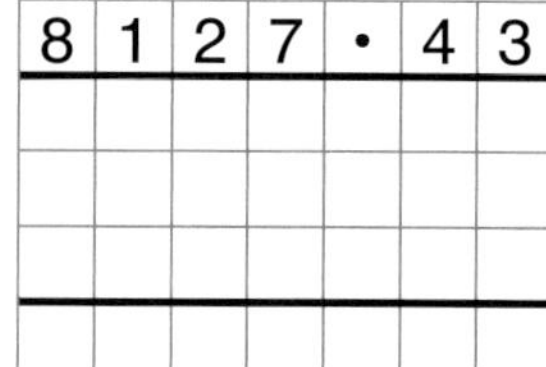
8127 · 43

2199 · 78

4127 · 36

5601 · 48

6532 · 45

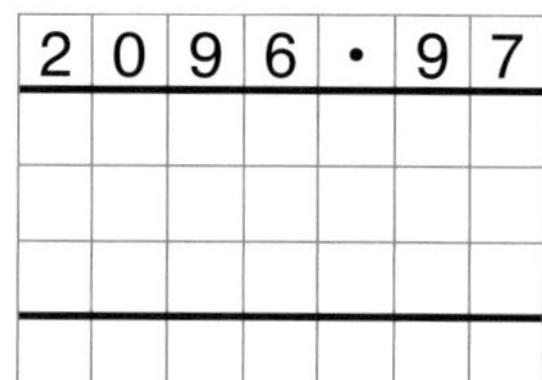
2096 · 97

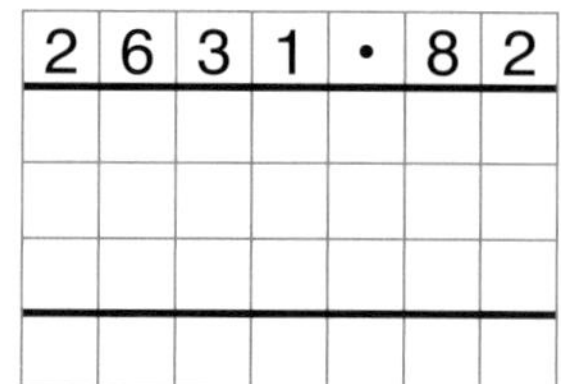
2631 · 82

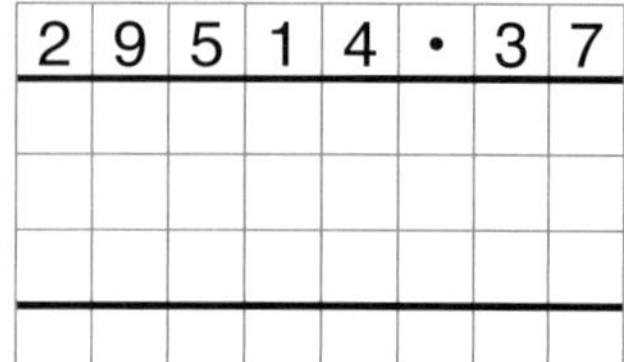
29514 · 37

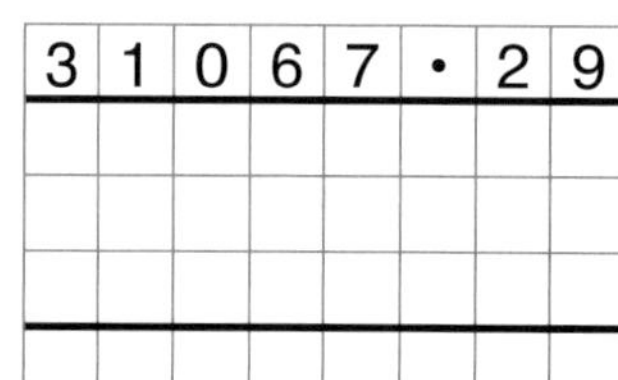
31067 · 29

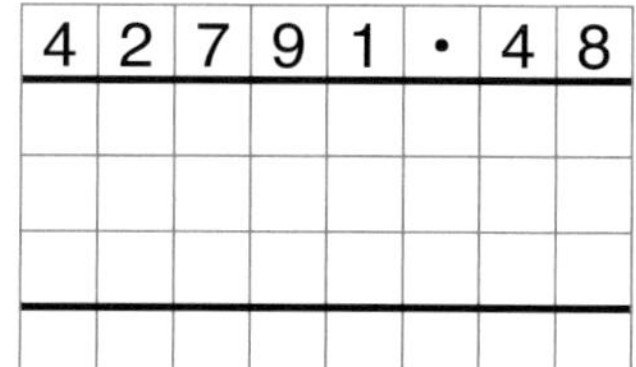
42791 · 48

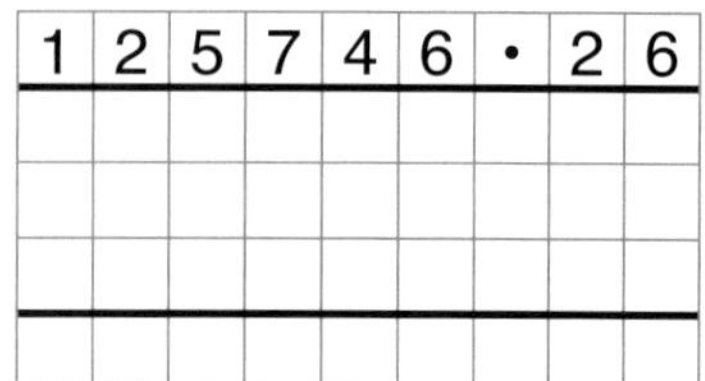
125746 · 26

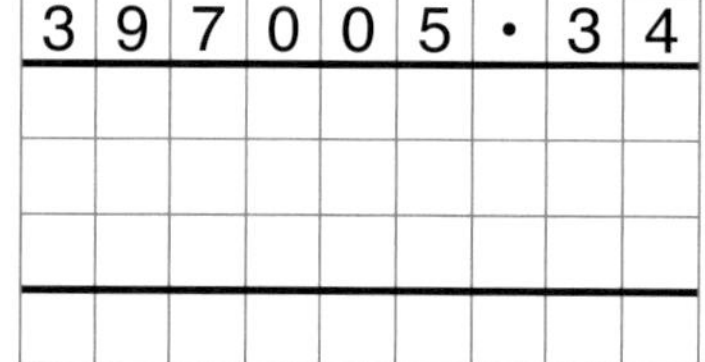
397005 · 34

209716 · 45

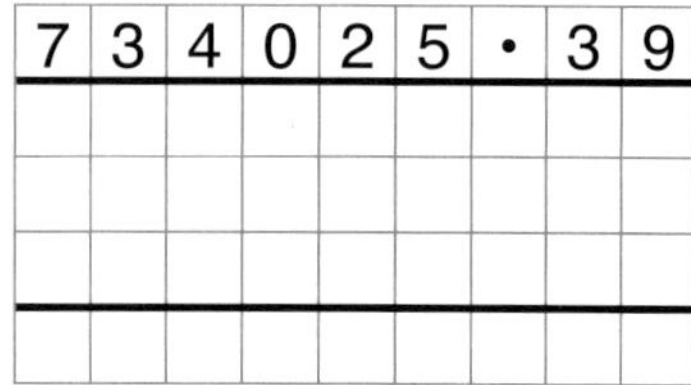
734025 · 39

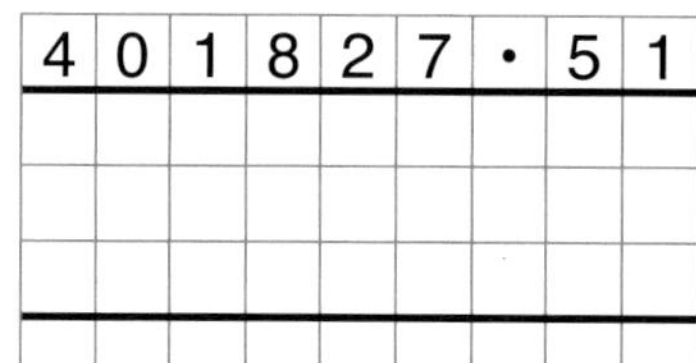
401827 · 51

368823 · 47

Multiplizieren mit Kommazahlen

1. Multipliziere die Geldbeträge schriftlich.

4,	3	9	€	·	2	
			8,	7	8	€

6,	5	9	€	·	8	
						€

3,	7	4	€	·	4	
						€

6,	4	9	€	·	8	

9,	7	4	€	·	6	

8,	2	6	€	·	7	

8,	3	5	€	·	2	5	

9,	9	5	€	·	4	3	

7,	0	6	€	·	8	9	

1	2,	4	8	€	·	3	7	

4	9,	5	0	€	·	2	6	

5	8,	9	3	€	·	7	2	

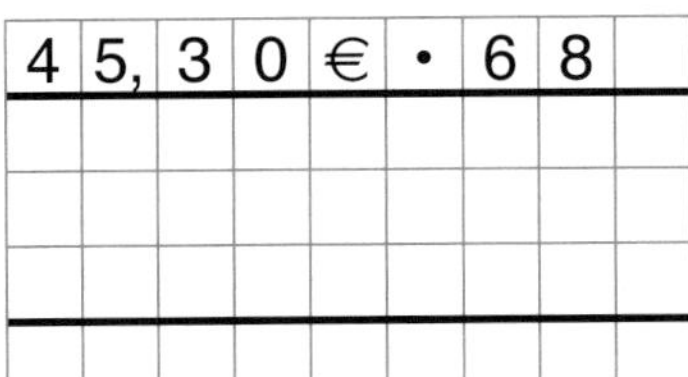

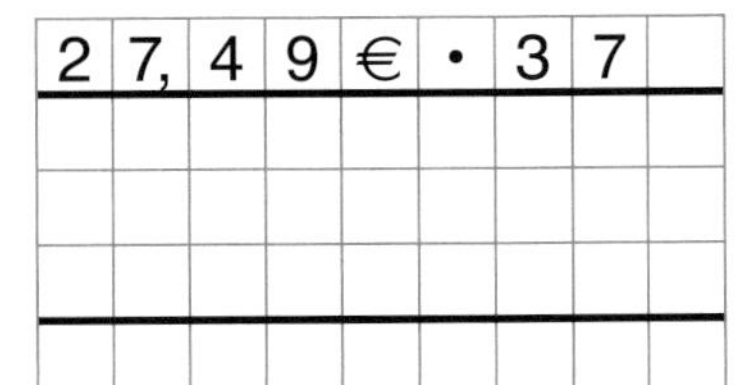

8	1,	3	2	€	·	1	9	

2. Schreibe auf und multipliziere schriftlich.

6,34 € · 9

8,70 € · 6

24,53 € · 9

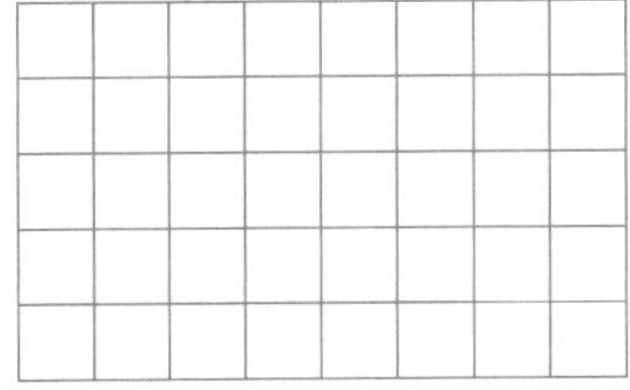

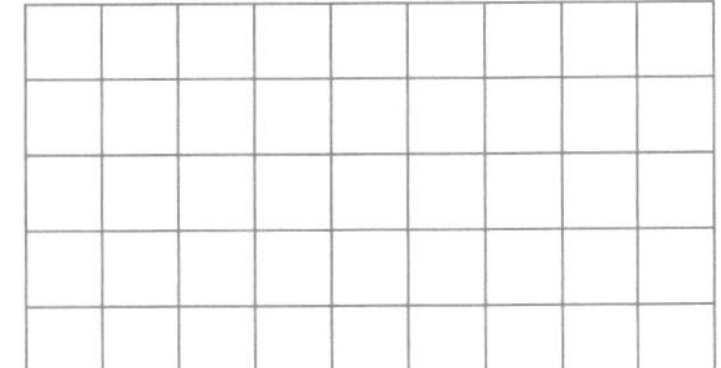

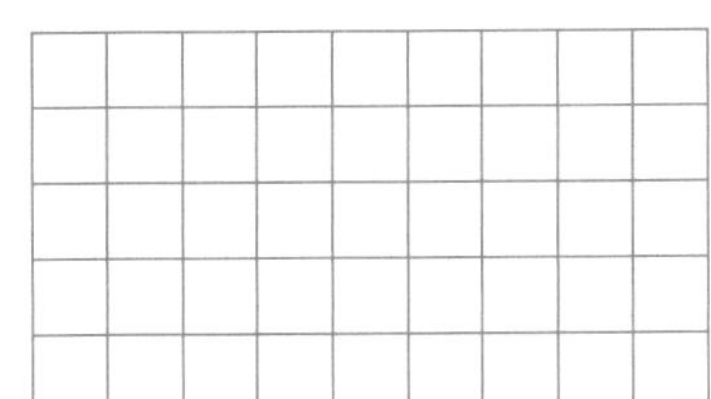

Multiplizieren mit dreistelligen Zahlen

So geht es:

3	2	6	·	7	2	1
	2	2	8	2		
+			6	5	2	
+				3	2	6
		1	1			
	2	3	5	0	4	6

Hier musst du drei Zwischenergebnisse schriftlich addieren, um auf das Endergebnis zu kommen!

Multipliziere schriftlich.

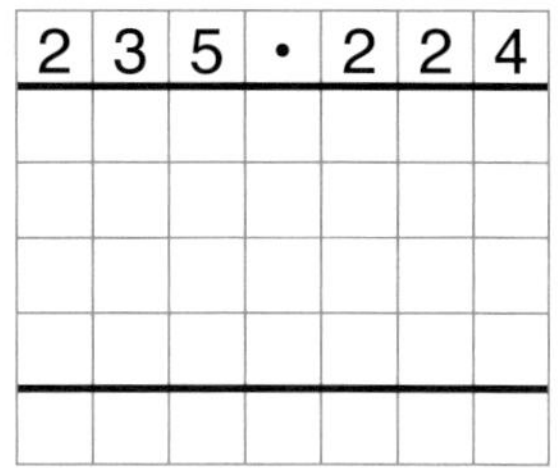

3	4	7	·	1	2	5

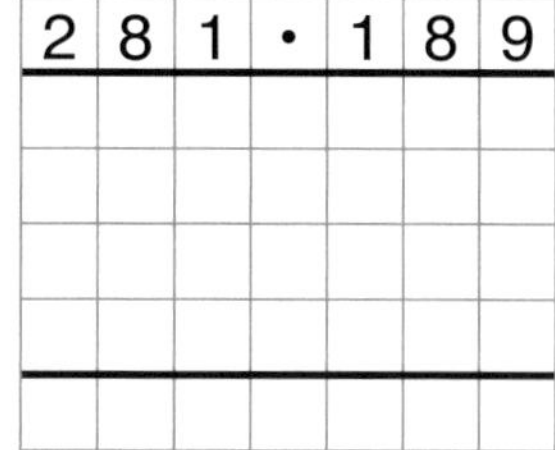

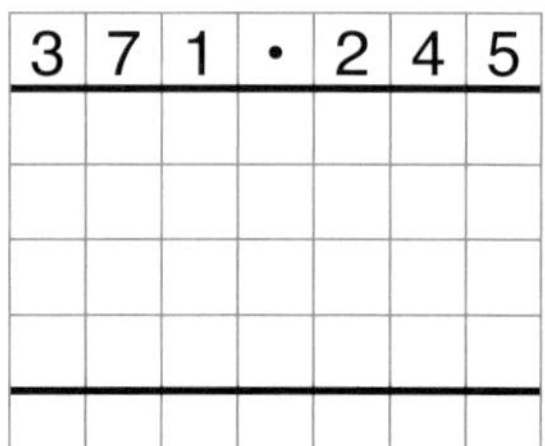

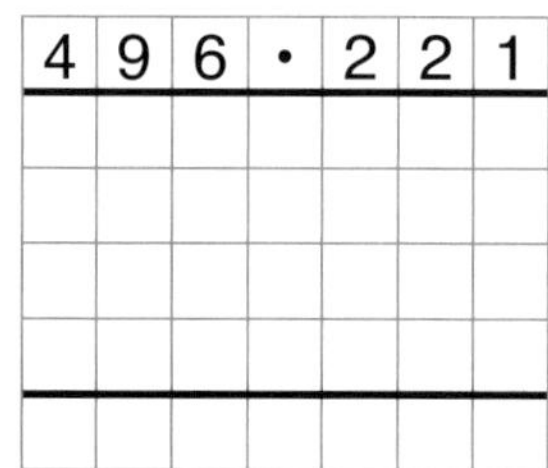

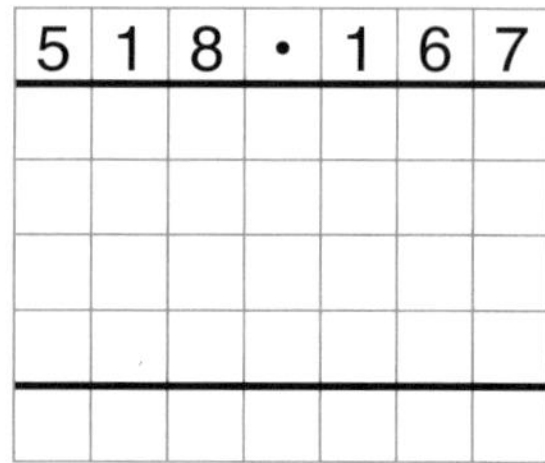

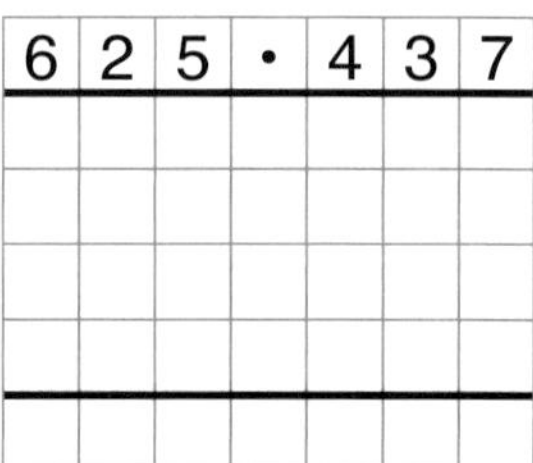

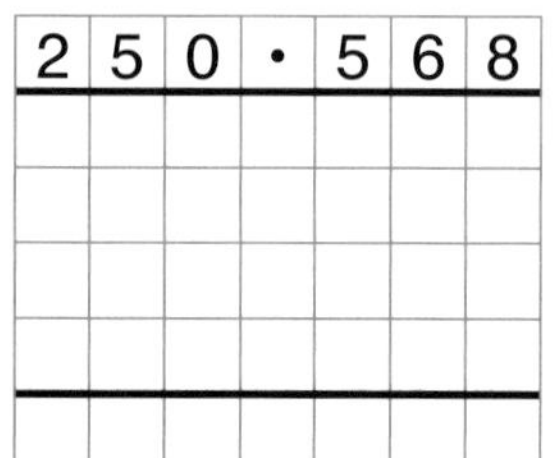

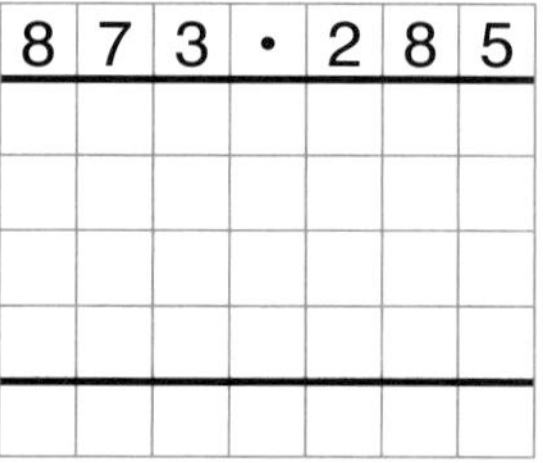

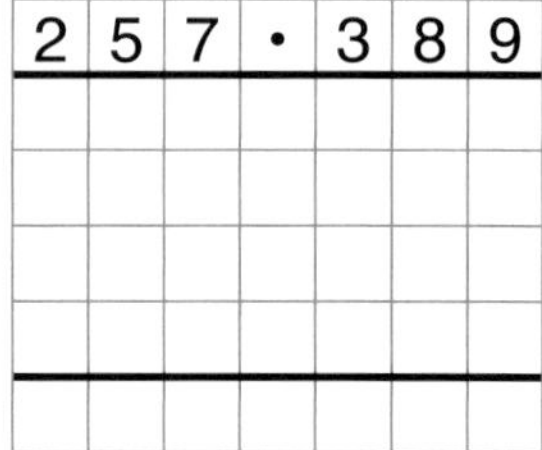

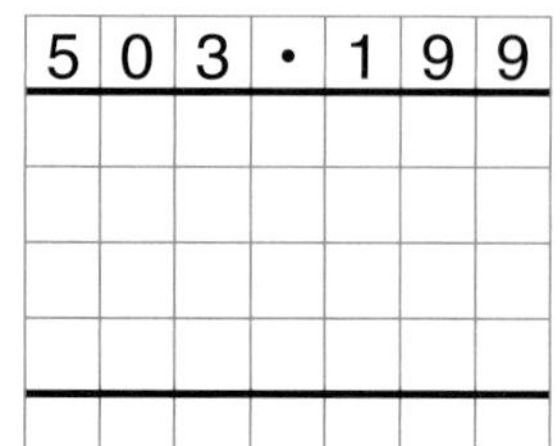

4	1	8	·	3	7	5

Halbschriftliches Dividieren – Wiederholen und üben

So geht es:

5	4	2	1	:	3	=	1	8	0	7
3	0	0	0	:	3	=	1	0	0	0
2	4	0	0	:	3	=		8	0	0
		2	1	:	3	=				7
5	4	2	1	:	3	=	1	8	0	7

1. Dividiere halbschriftlich.

7	4	0	:	5	=			
5	0	0	:	5	=			
2	0	0	:	5	=			
	4	0	:	5	=			
7	4	0	:	5	=			

4	5	9	:	3	=			
3	0	0	:	3	=			
1	5	0	:	3	=			
		9	:	3	=			
4	5	9	:	3	=			

9	7	6	:	8	=			
8	0	0	:	8	=			
1	6	0	:	8	=			
	1	6	:	8	=			
9	7	6	:	8	=			

8	9	4	:	6	=			
6	0	0	:	6	=			
2	4	0	:	6	=			
	5	4	:	6	=			
8	9	4	:	6	=			

5	8	8	:	4	=			
4	0	0	:	4	=			
1	6	0	:	4	=			
	2	8	:	4	=			
5	8	8	:	4	=			

8	6	1	:	7	=			
7	0	0	:	7	=			
1	4	0	:	7	=			
	2	1	:	7	=			
8	6	1	:	7	=			

2. Rechne auch hier halbschriftlich.

4	2	5	5	:	5	=			
4	0	0	0	:	5	=			
	2	5	0	:	5	=			
			5	:	5	=			

3	5	2	8	:	8	=			
3	2	0	0	:	8	=			
				:	8	=			
				:	8	=			

3	3	7	2	:	6	=			
3	0	0	0	:	6	=			
				:	6	=			
				:	6	=			

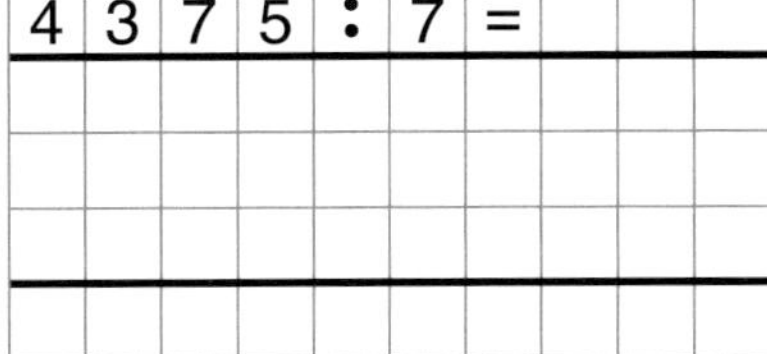

4	3	7	5	:	7	=			

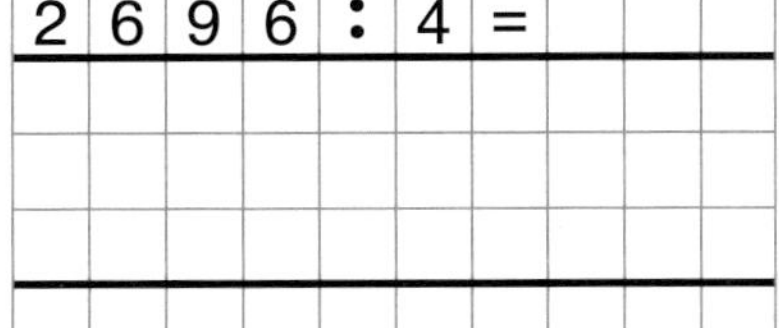

2	6	9	6	:	4	=			

3	9	2	8	:	4	=			

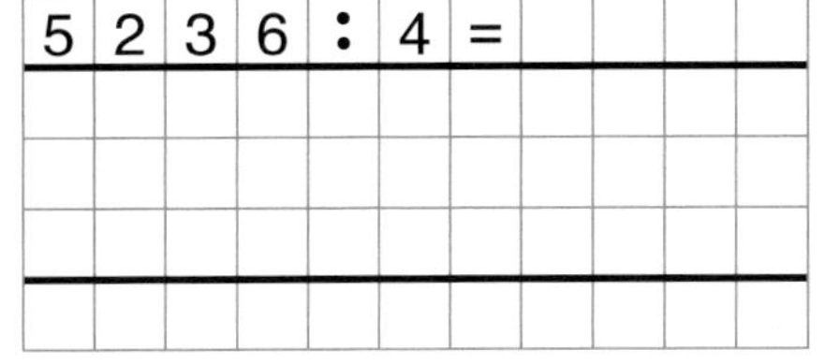

5	2	3	6	:	4	=				

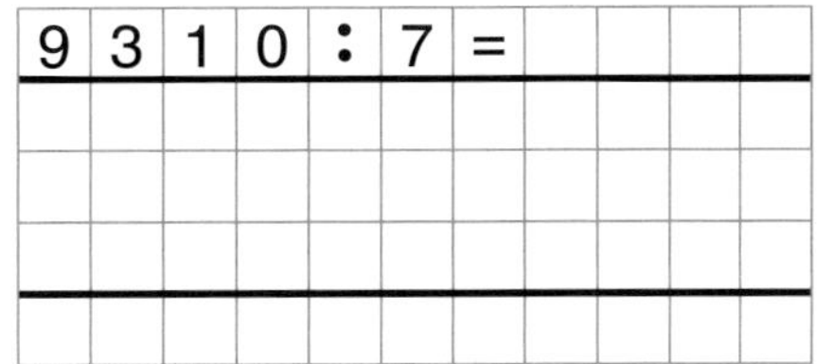

9	3	1	0	:	7	=				

Schriftliche Division

So geht es:

1. Schreibe die Aufgabe auf.
2. Rechne dann von vorne nach hinten. Du beginnst bei dem höchsten Stellenwert und dividierst schrittweise.
3. Auch das Ergebnis schreibst du von vorne nach hinten auf.

Beispiel:

834 : 6

	H	Z	E				H	Z	E
	8	3	4	:	6	=	1		
–	**6**								
	2								

8 : 6 geht 1-mal.
Schreibe die 1 ins Ergebnis.
1 · 6 = **6**
Schreibe die **6** unter die 8.
Subtrahiere: 8 – 6 = 2
Schreibe den Rest 2 hin.

	H	Z	E				H	Z	E
	8	3	4	:	6	=	1	3	
–	**6**	↓							
	2	**3**							
–	**1**	**8**							
		5							

Hole die 3 von oben dazu.
23 : 6 geht 3-mal.
Schreibe die 3 ins Ergebnis.
3 · 6 = **18**
Schreibe die **18** unter die 2**3**.
Subtrahiere: 23 – 18 = 5
Schreibe den Rest 5 hin.

	H	Z	E				H	Z	E
	8	3	4	:	6	=	1	3	9
–	**6**		↓						
	2	**3**							
–	**1**	**8**							
		5	**4**						
		5	**4**						
			0						

Hole die **4** von oben dazu.
54 : 6 geht 9-mal.
Schreibe die 9 ins Ergebnis.
9 · 6 = **54**
Schreibe die **54** unter die 54.
Subtrahiere: 54 – 54 = 0
Schreibe den Rest 0 hin.

Dividieren mit einer Startzahl

Dividiere schriftlich.

	H	Z	E						
	8	2	5	:	3	=	2	7	
−	6	↓	↓						
	2	2							
−									
	−								

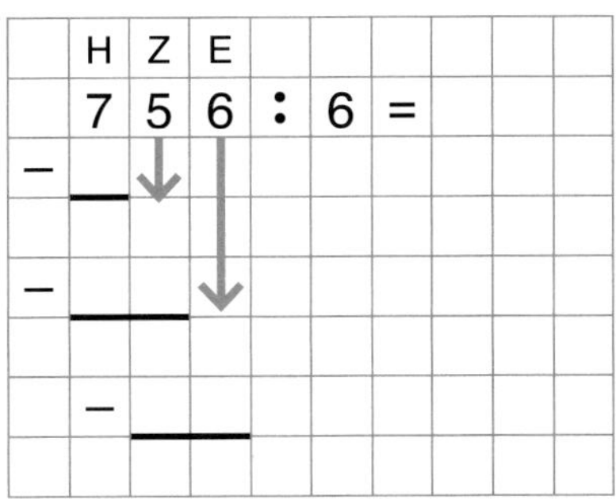

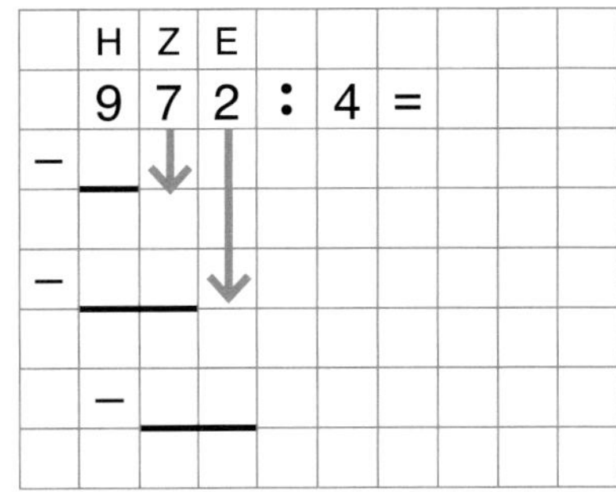

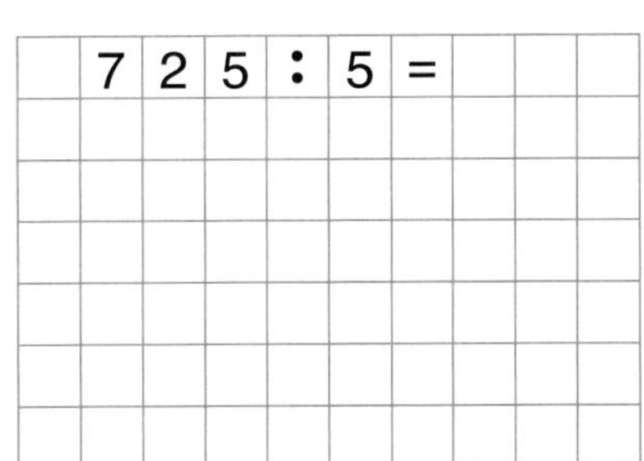

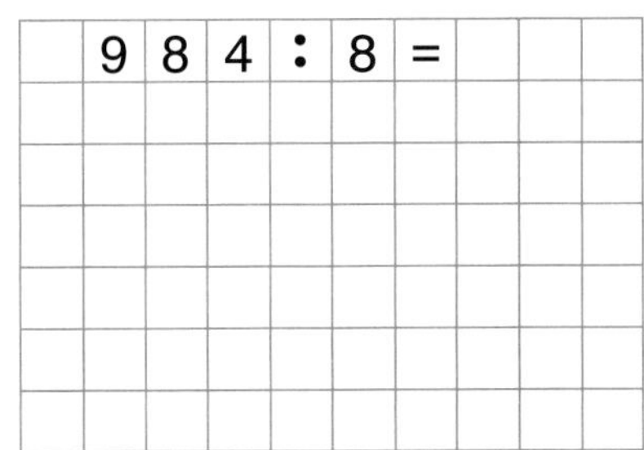

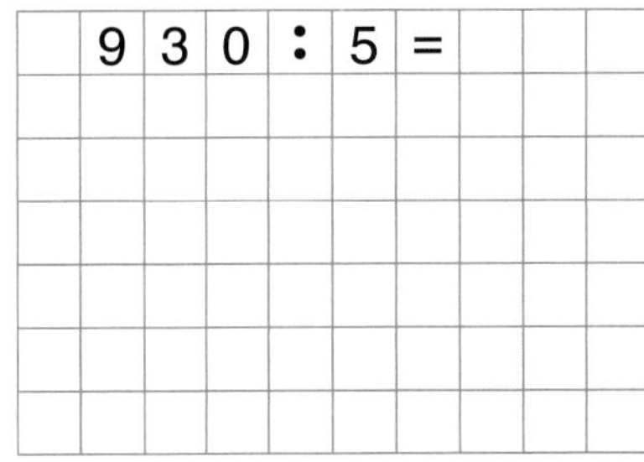

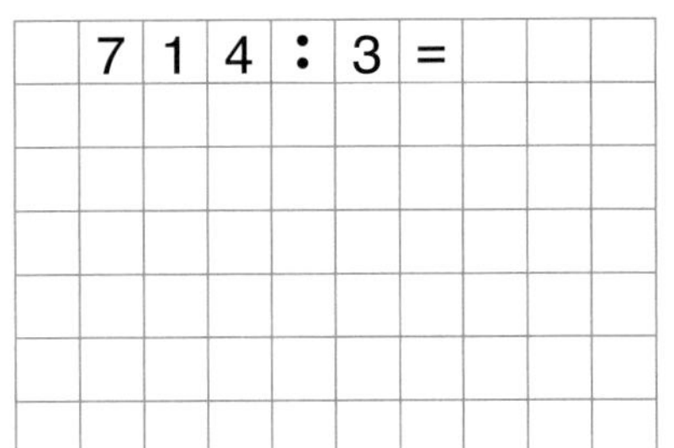

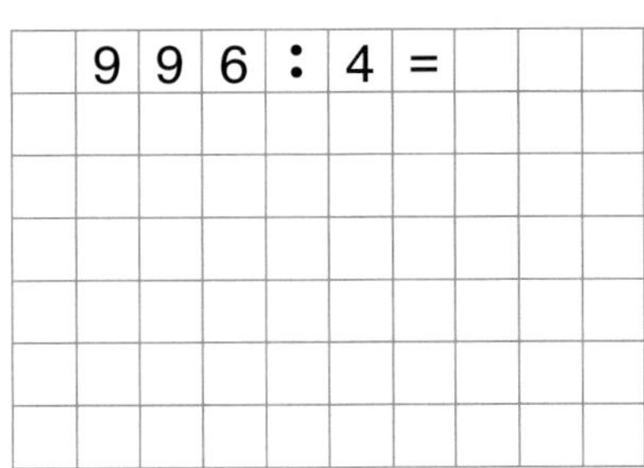

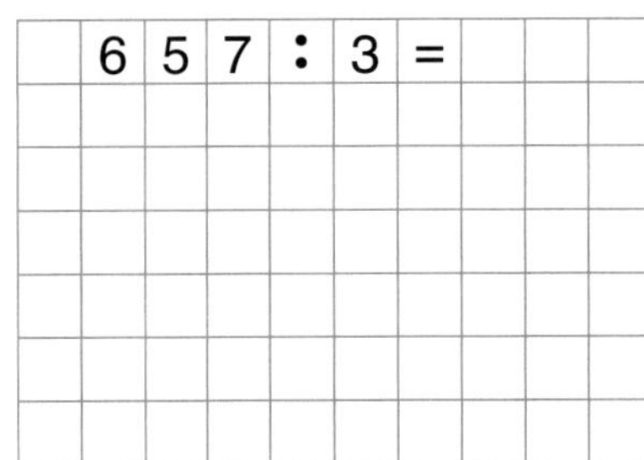

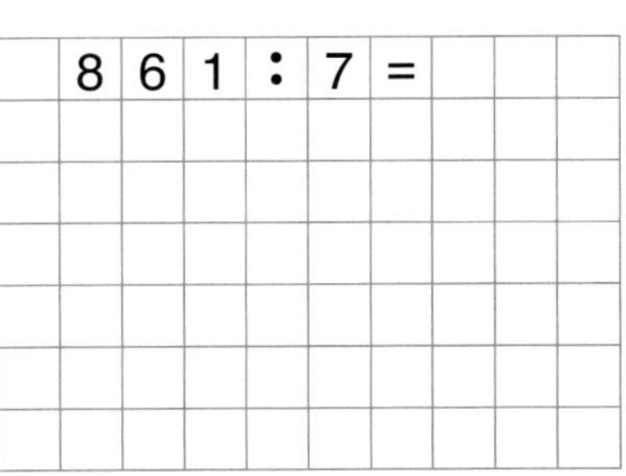

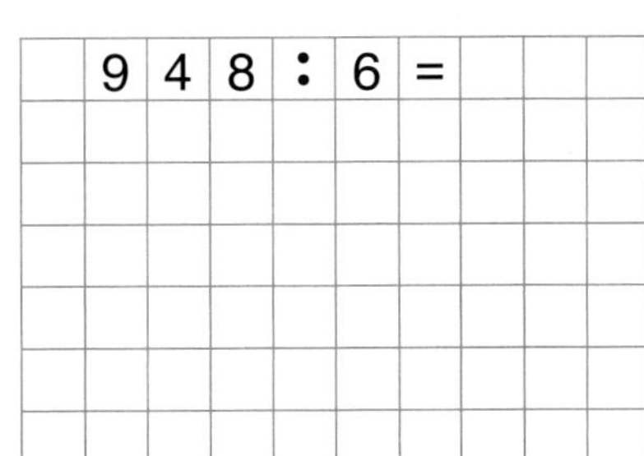

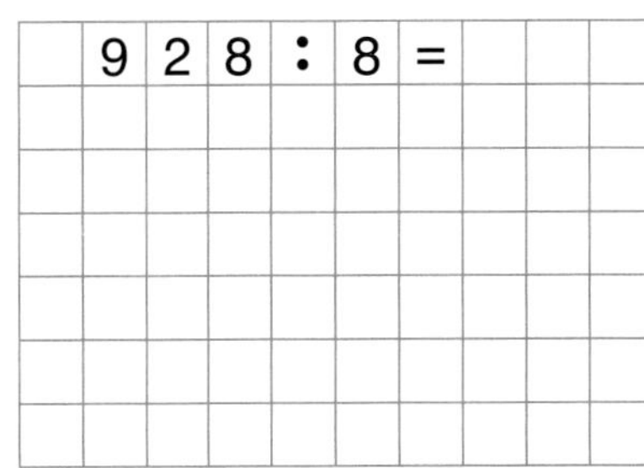

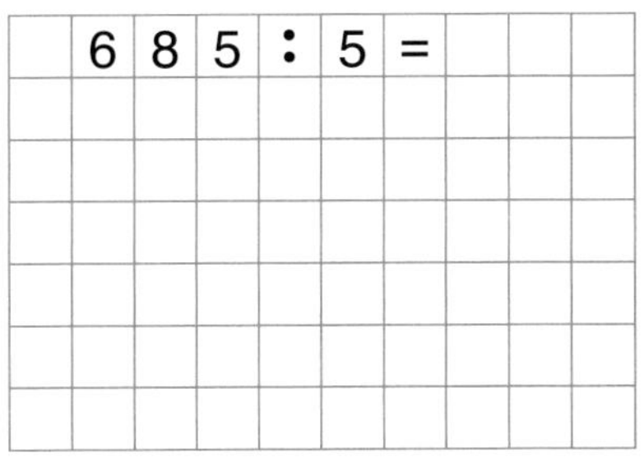

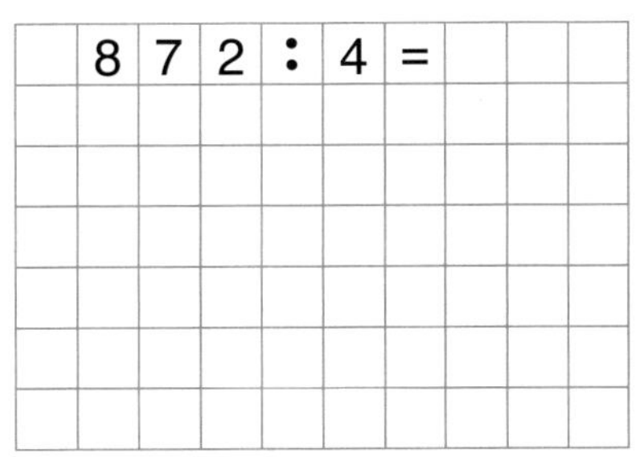

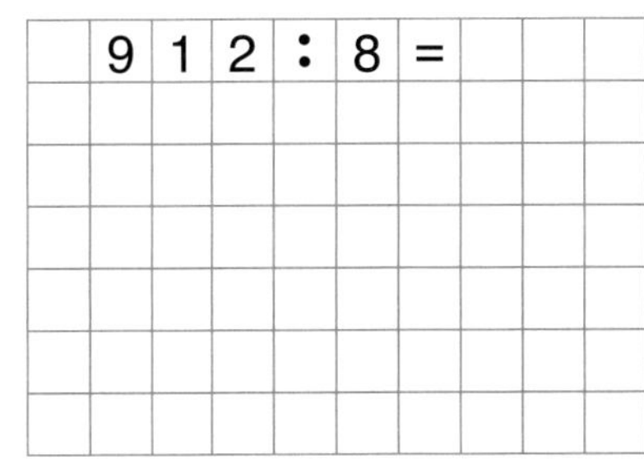

Dividieren mit zwei Startzahlen

So geht es:

	H	Z	E				
	4	2	7	:	7	=	6	1
–	4	2	↓					
		0	7					
	–		7					
			0					

Dividiere schriftlich.

	4	8	5	:	5	=	9	
–	4	5						
		3						
	–							

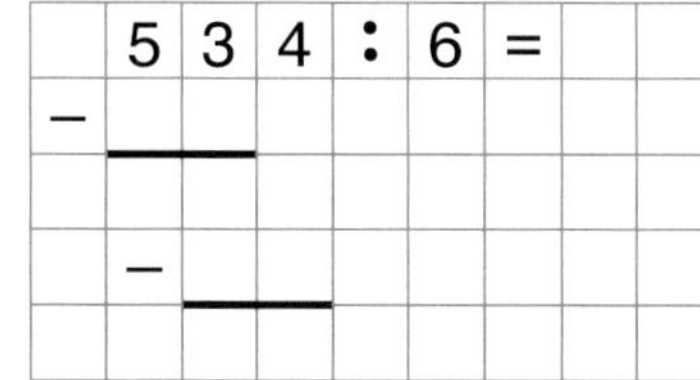

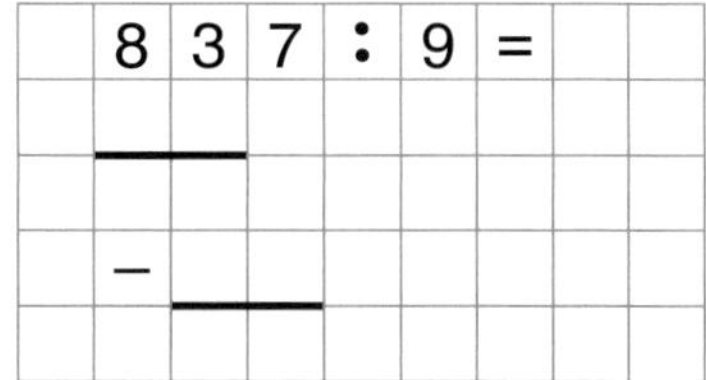

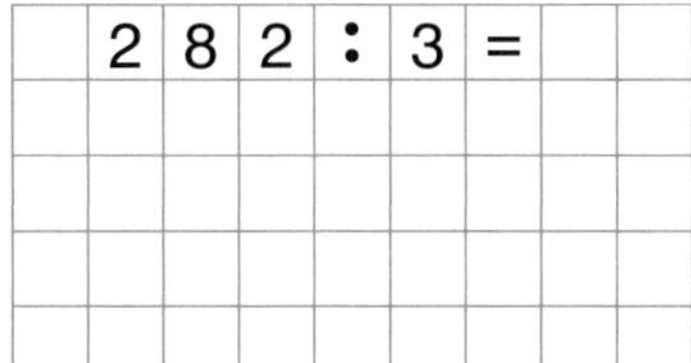

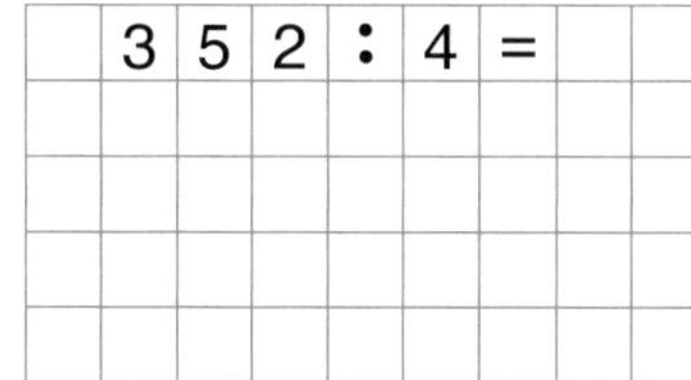

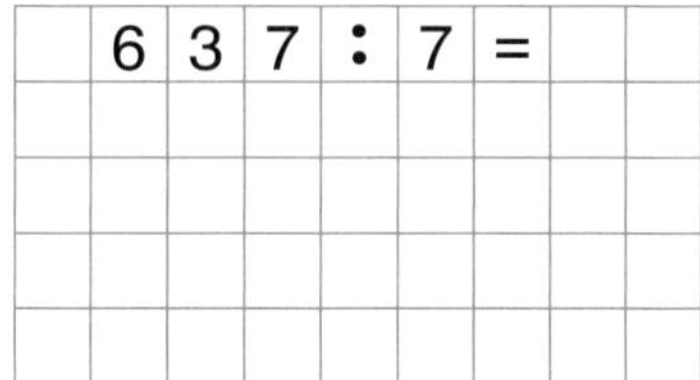

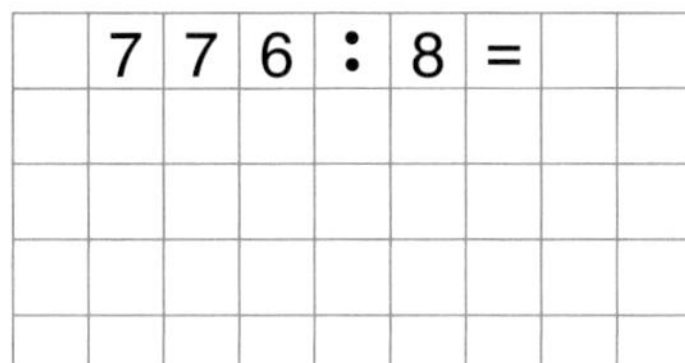

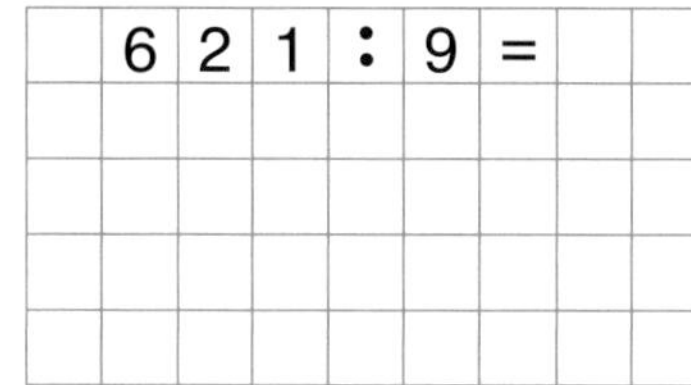

4 6 2 : 7 =

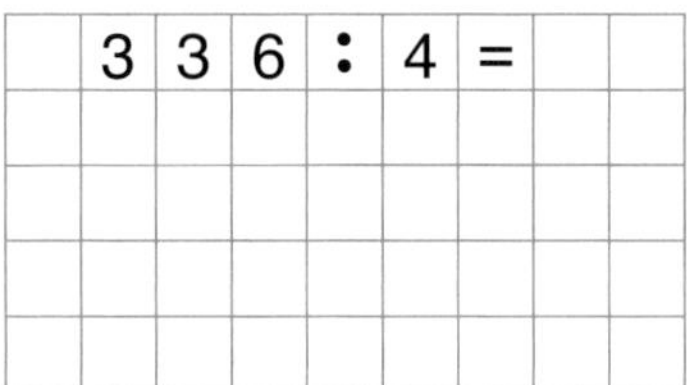

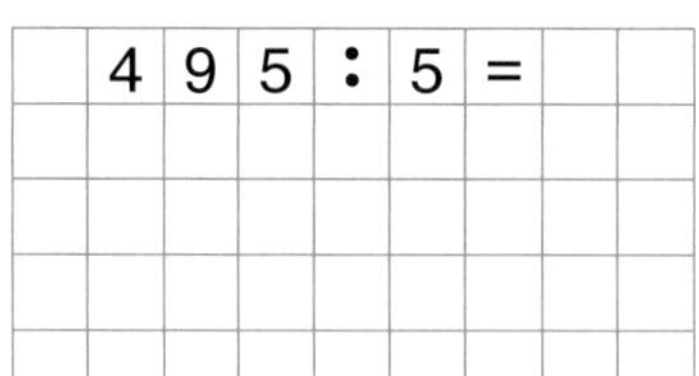

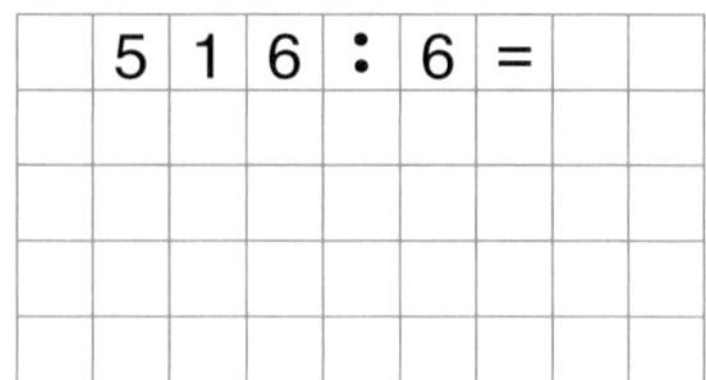

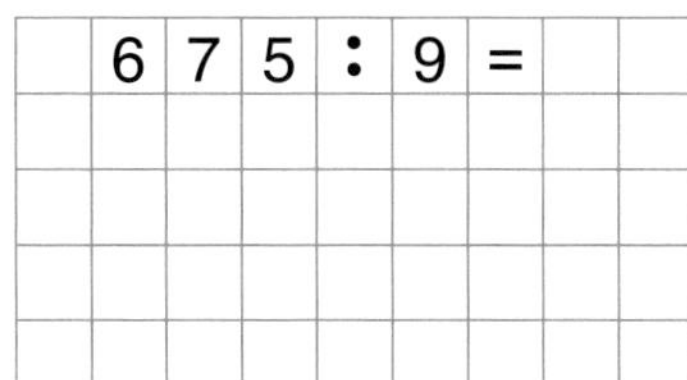

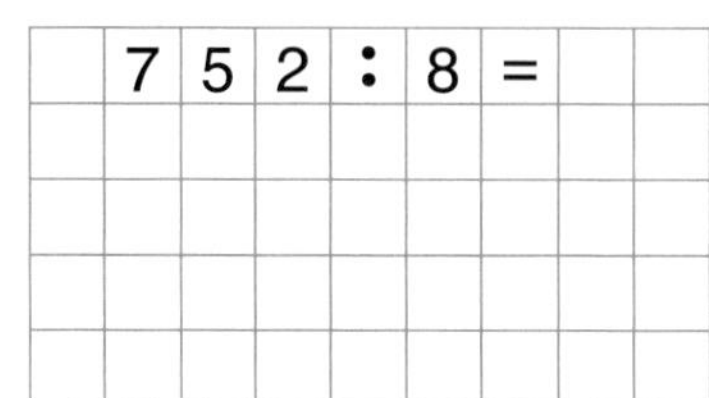

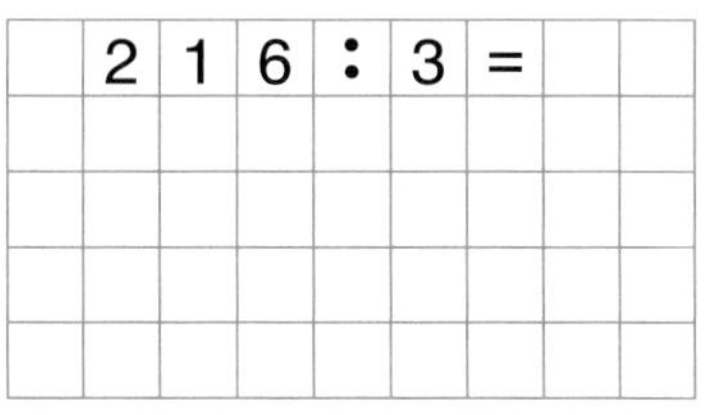

Dividieren mit Tausenderzahlen

1. Dividiere schriftlich.

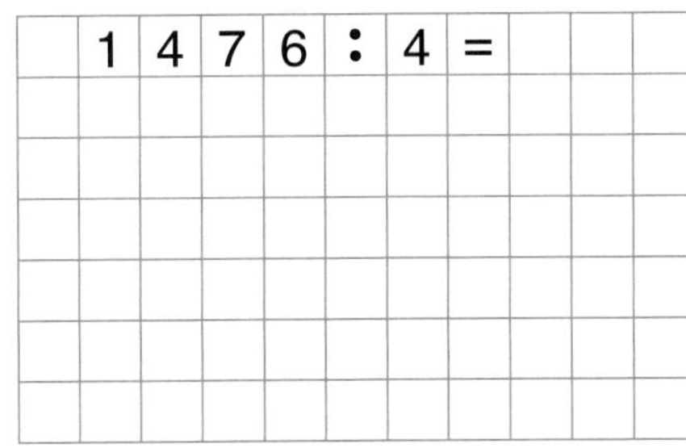

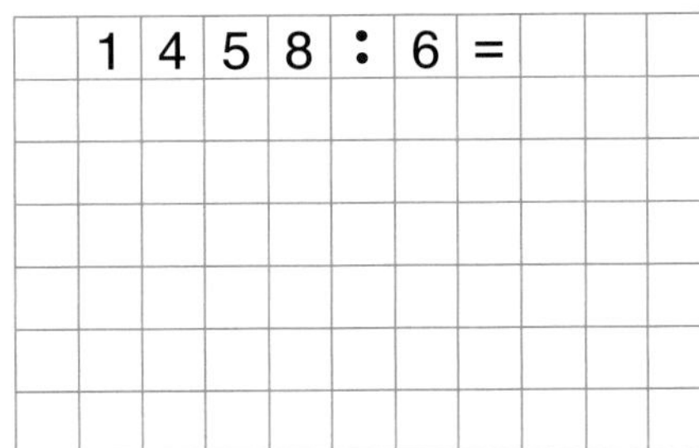

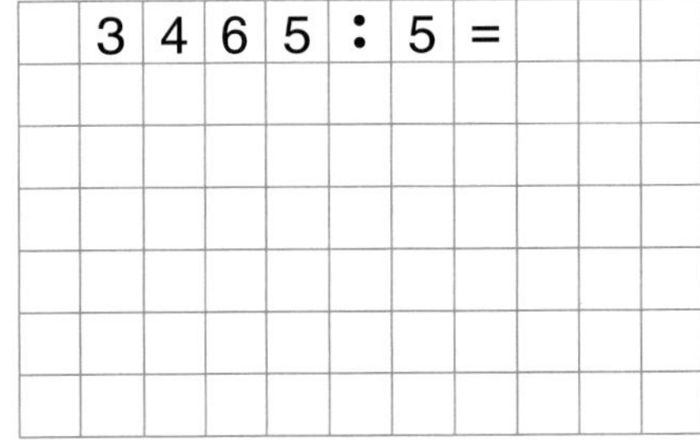

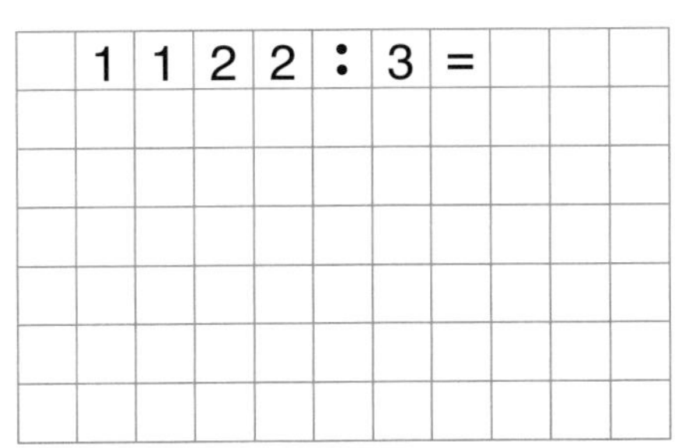

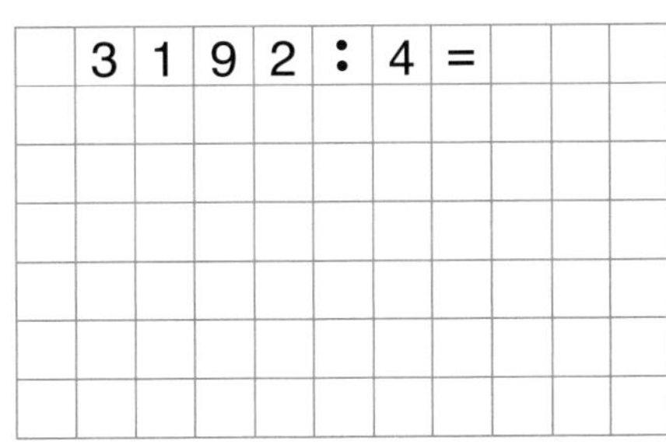

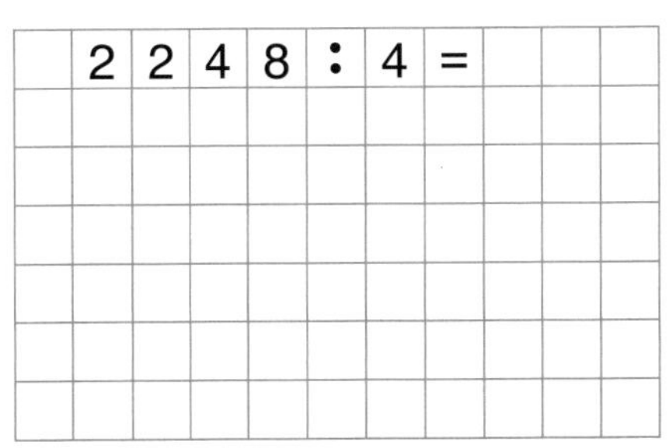

2. Dividiere auch hier.

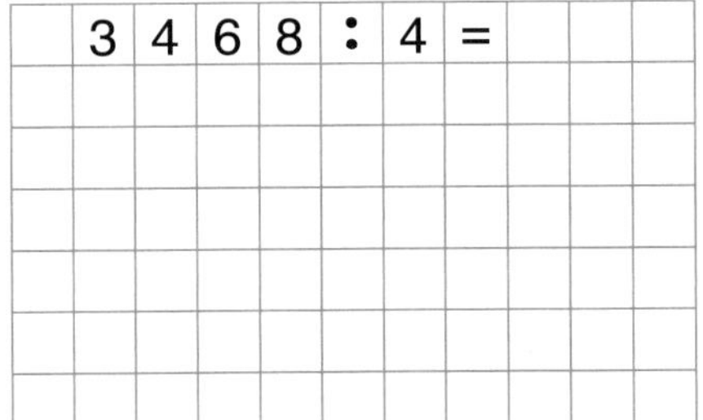

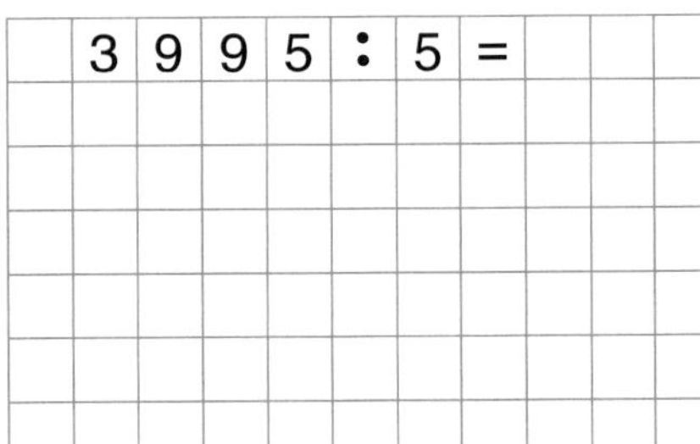

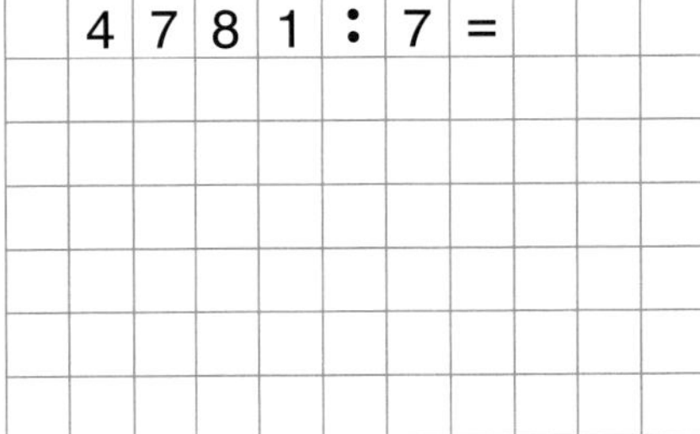

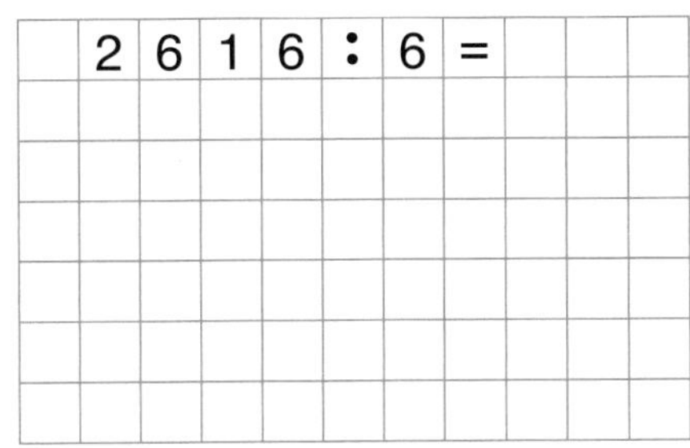

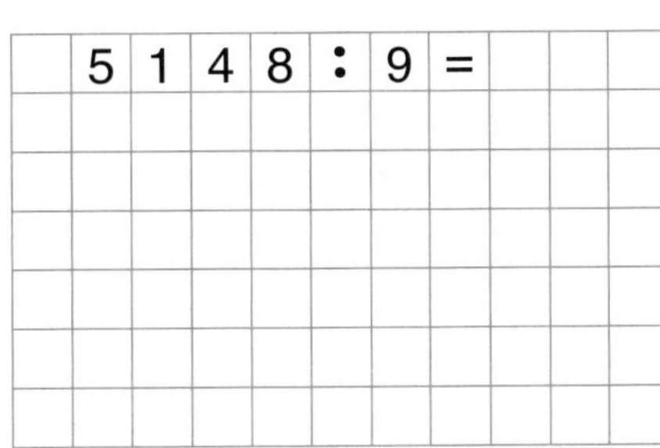

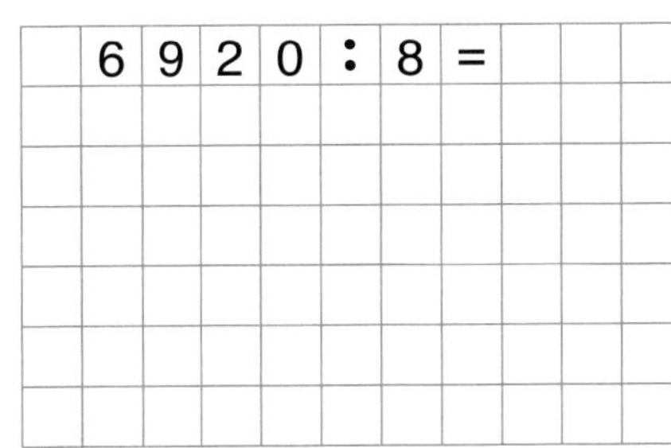

3. Achte auf die Null. 

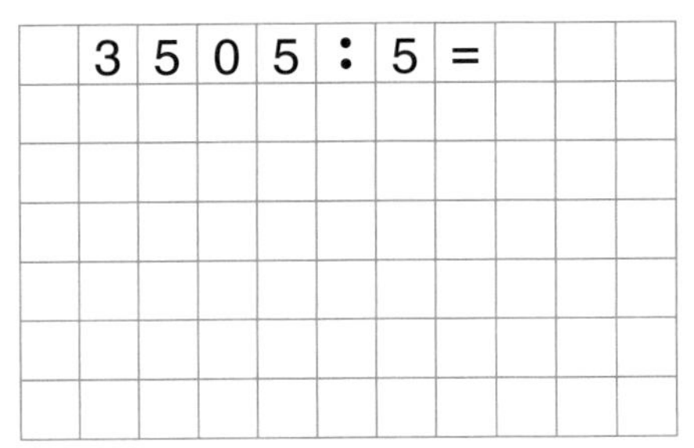

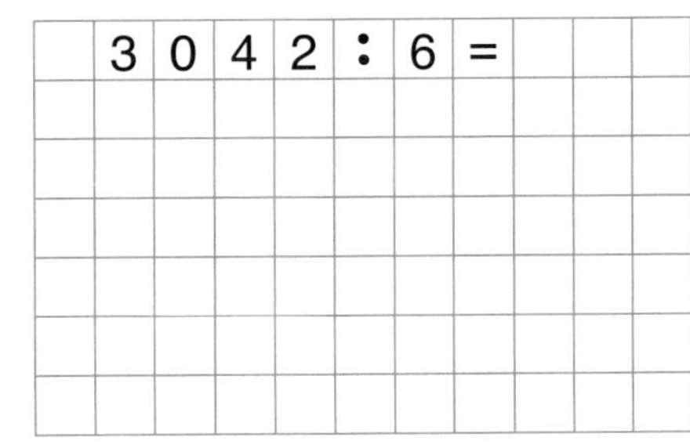

4035 : 5 =

Dividieren mit Probe

Dividiere schriftlich. Mache dann die Probe mit der Mal-Aufgabe.

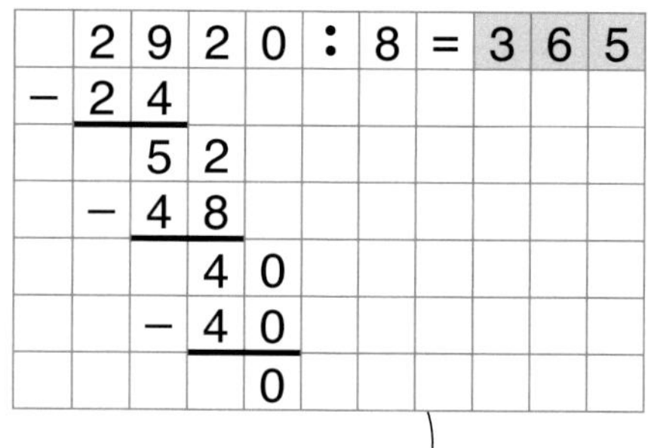

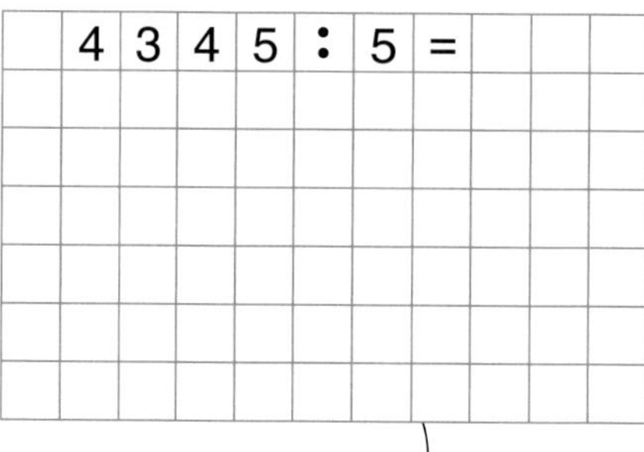

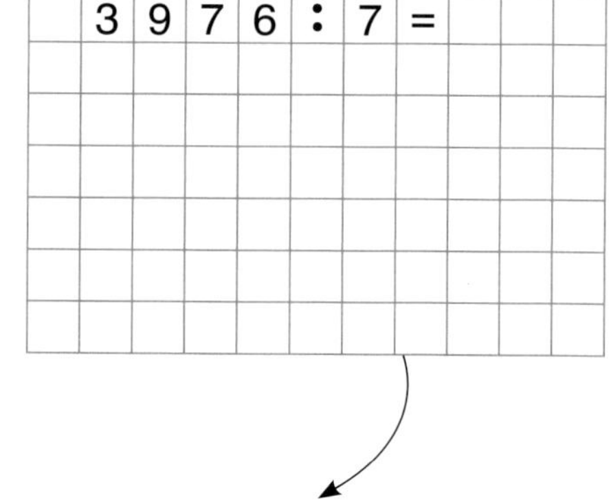

Probe:

365 · 8
2920

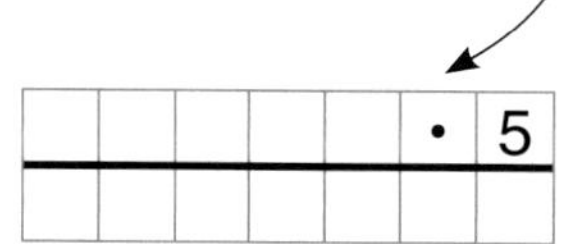

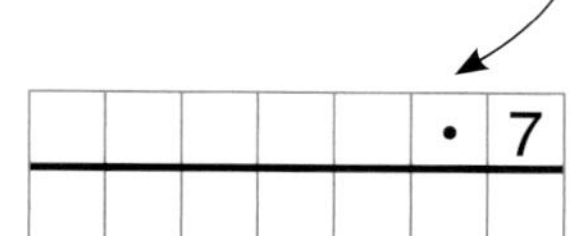

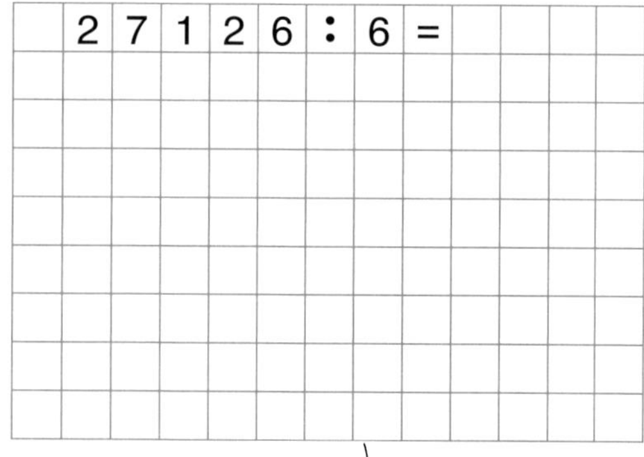

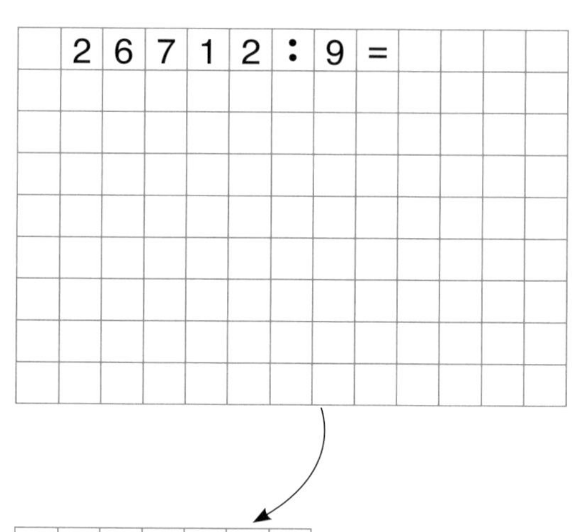

Probe:

· 6

6055 : 7 =

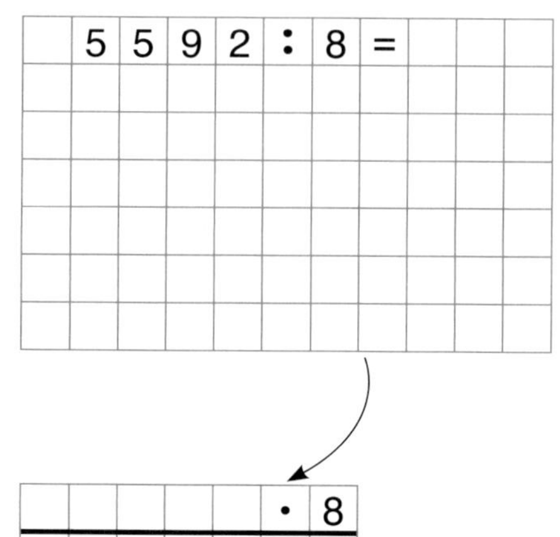

Probe:

· 7

· 8

Dividieren mit Zehntausenderzahlen

Dividiere schriftlich.

	1	5	5	5	2	:	6	=	2
−	1	2							
		3	5						
	−								
		−							
			−						

27912 : 8 =

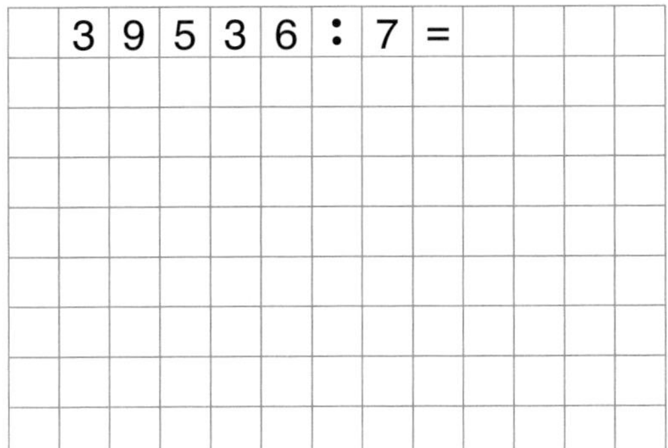

39536 : 7 =

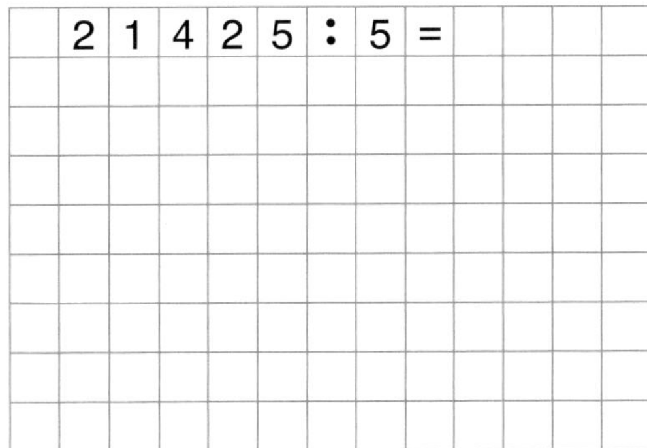

21425 : 5 =

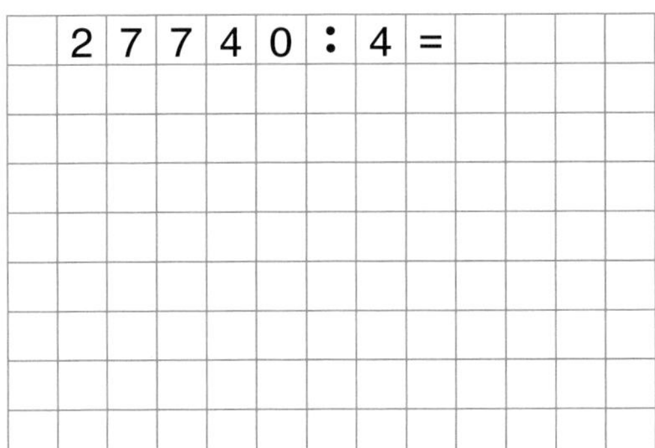

27740 : 4 =

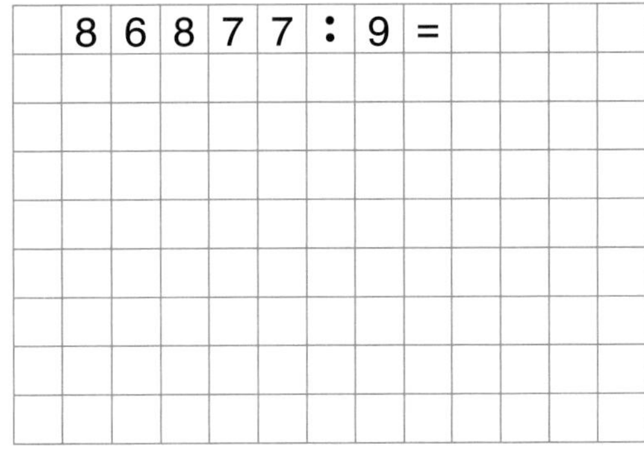

86877 : 9 =

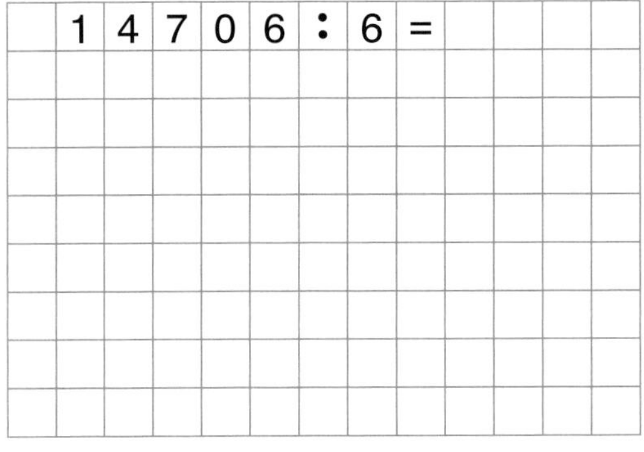

14706 : 6 =

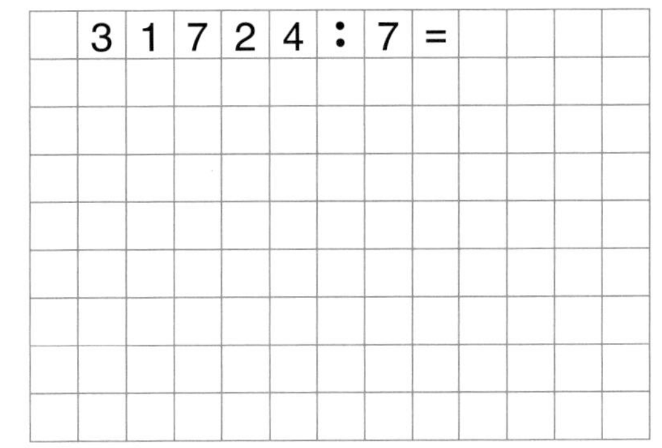

31724 : 7 =

Dividieren mit Rest

So geht es:

	7	8	2	4	:	9	=	8	6	9	R	3	
−	7	2	↓	↓									
		6	2										
	−	5	4	↓									
			8	4									
		−	8	1									
				3									

Den Rest notierst du direkt hinter dem Ergebnis.
Wichtig: Schreibe ein „R" für „Rest" davor!

Dividiere schriftlich. Schreibe auch den Rest dazu.

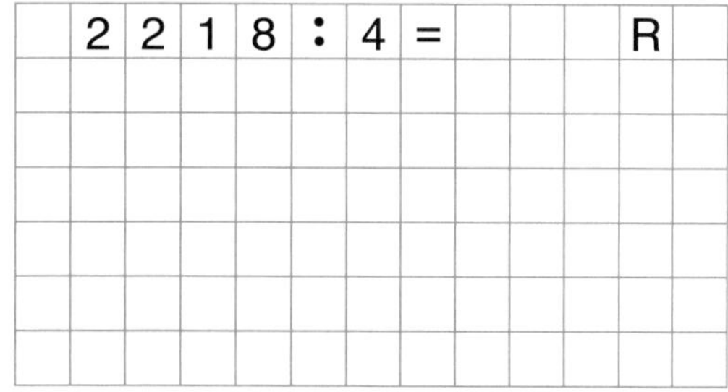

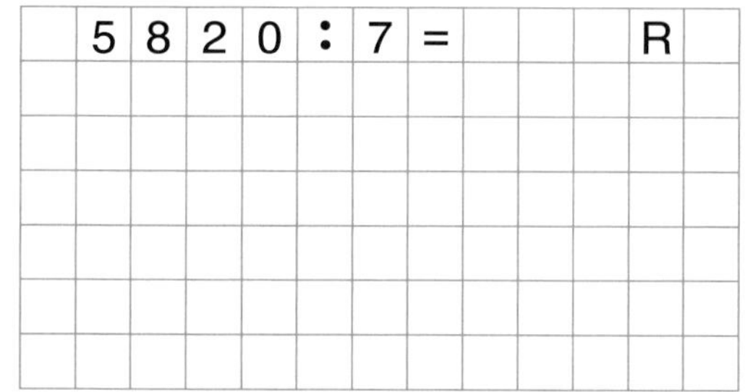

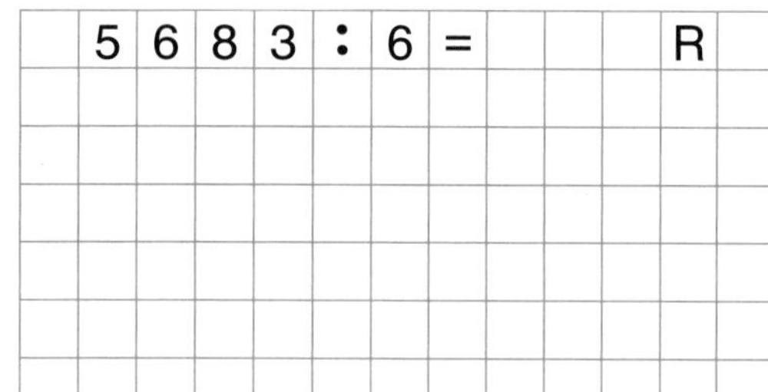

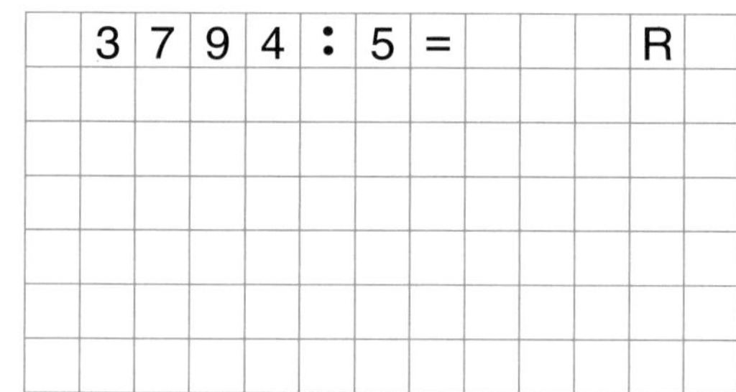

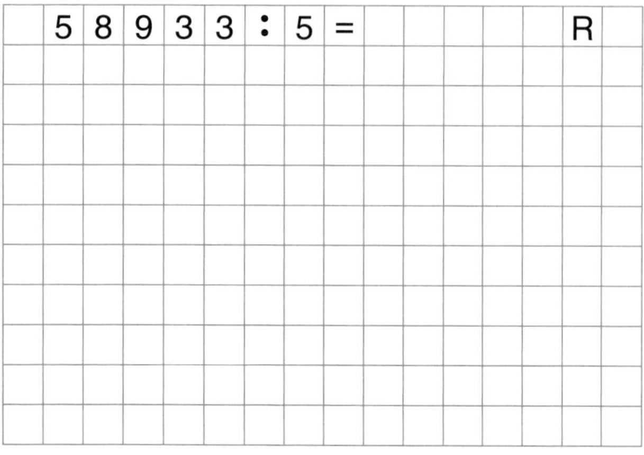

4 8 7 7 2 : 9 = R

Dividieren mit Kommazahlen

Dividiere die Geldbeträge schriftlich.

	3	1,	9	2	€	:	6	=	5,	3	2	€	
−	3	0											
		1	9										
	−	1	8										
			1	2									
		−	1	2									
				0									

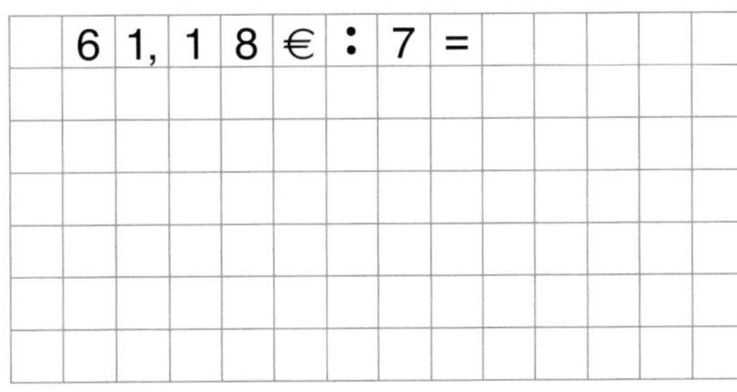

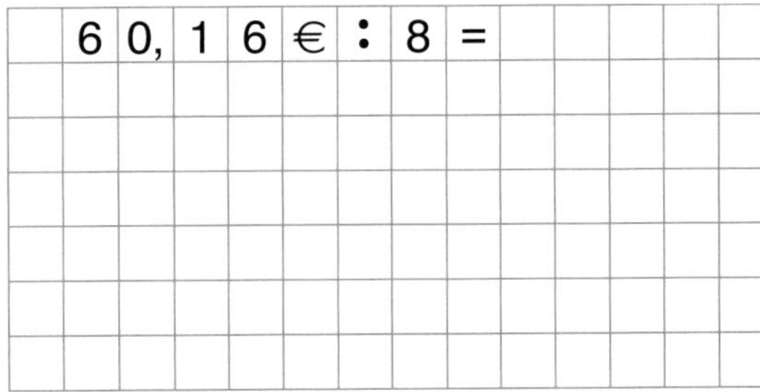

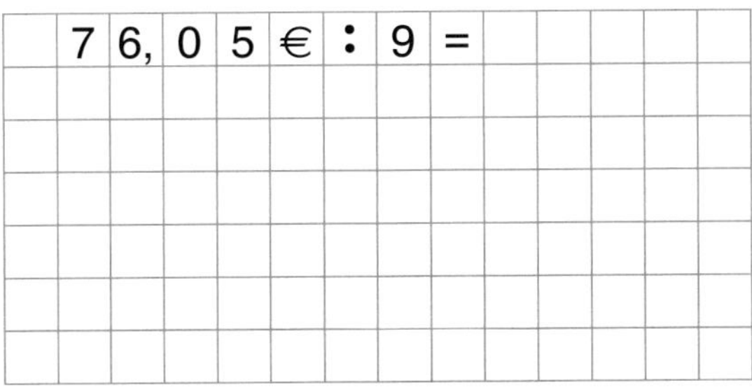

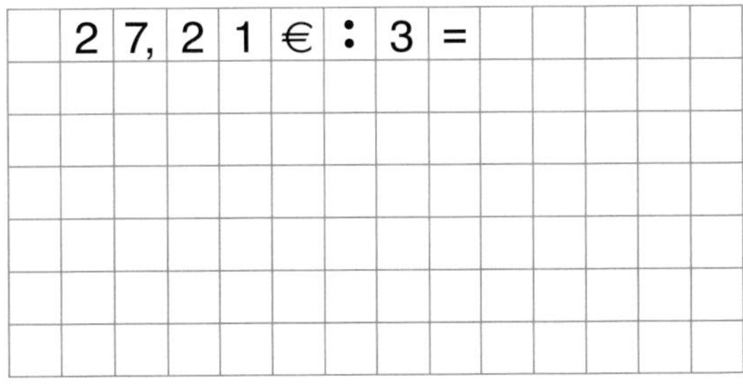

76,05 € : 9 =

27,21 € : 3 =

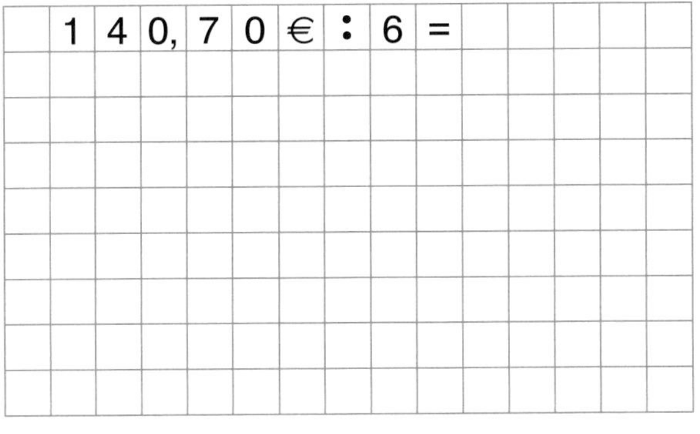

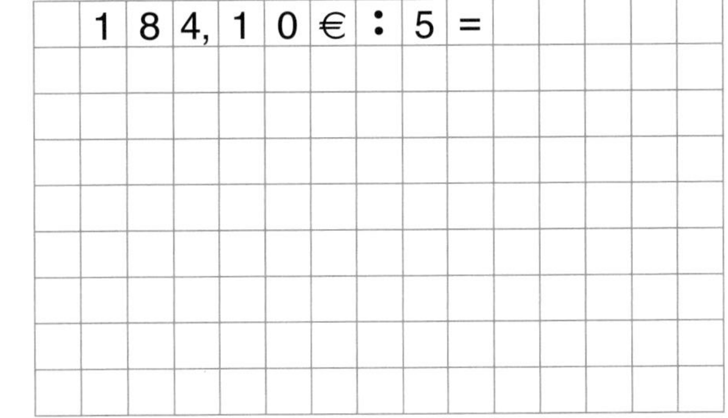

Dividieren mit Hunderttausenderzahlen

Dividiere schriftlich.

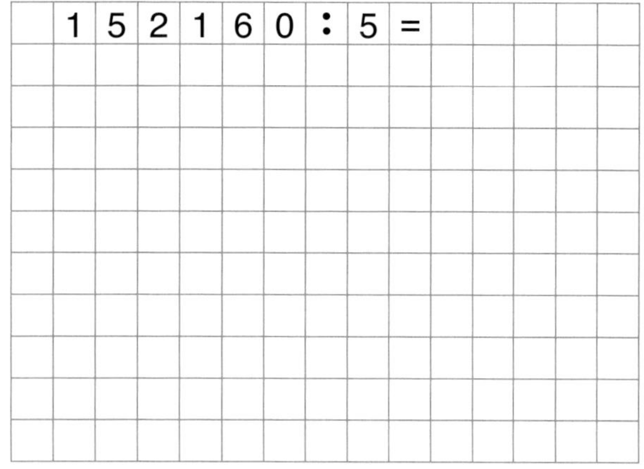

152160 : 5 =

109473 : 7 =

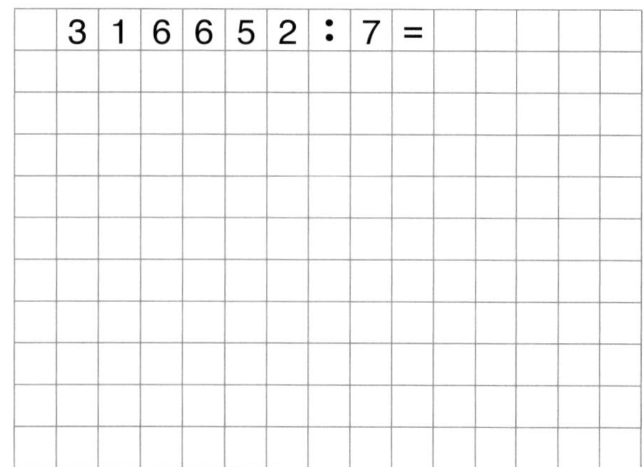

316652 : 7 =

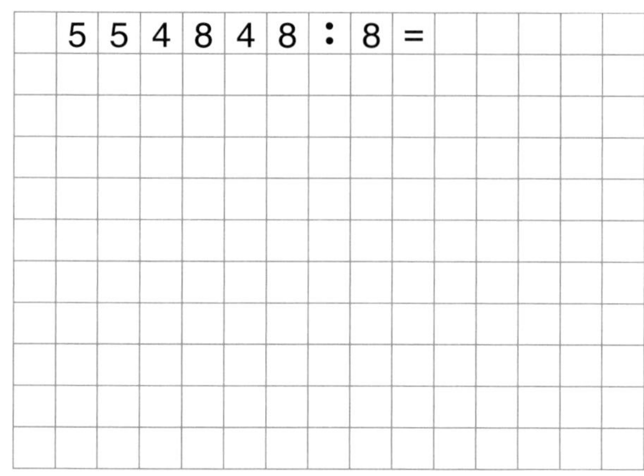

554848 : 8 =

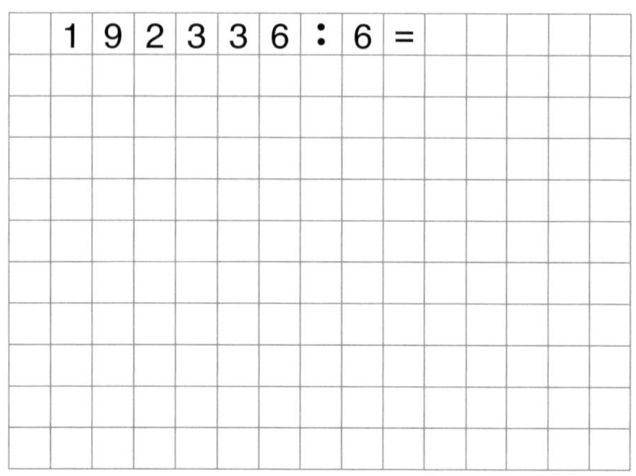

192336 : 6 =

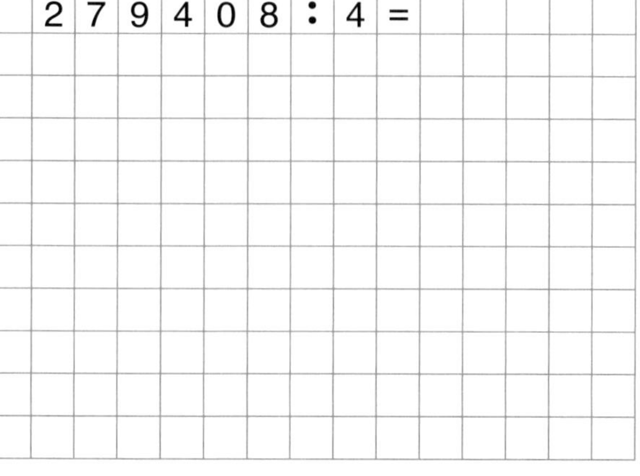

279408 : 4 =

Dividieren mit vollen Zehnerzahlen

So geht es:

	7	1	2	:	8	=	8	9
–	6	4						
		7	2					
	–	7	2					
			0					

	7	1	2	0	:	8	0	=	8	9
–	6	4	0							
		7	2	0						
	–	7	2	0						
				0						

Dividiere schriftlich.

5 8 2 : 6 =

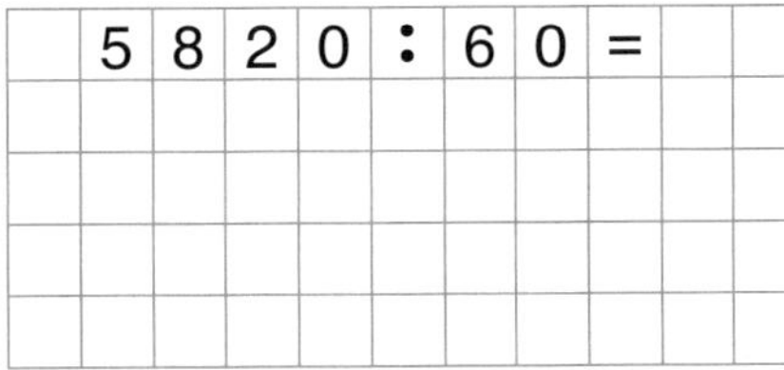
5 8 2 0 : 6 0 =

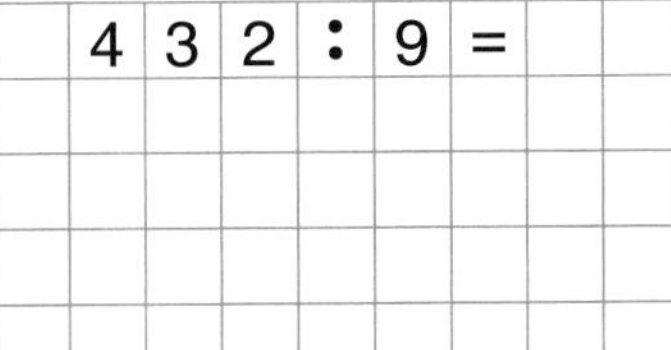
4 3 2 : 9 =

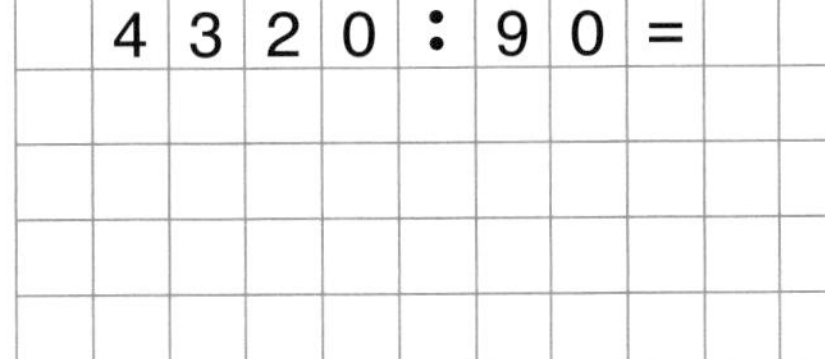
4 3 2 0 : 9 0 =

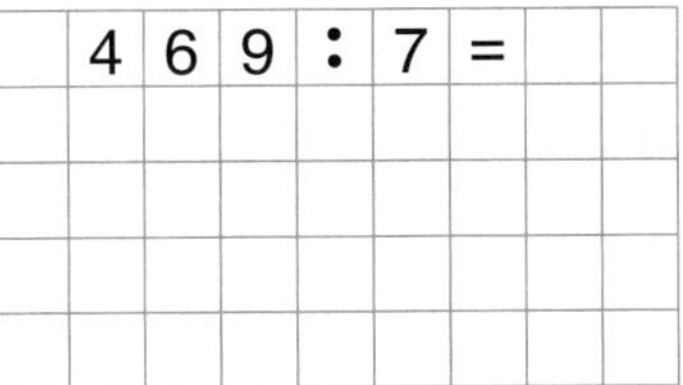
4 6 9 : 7 =

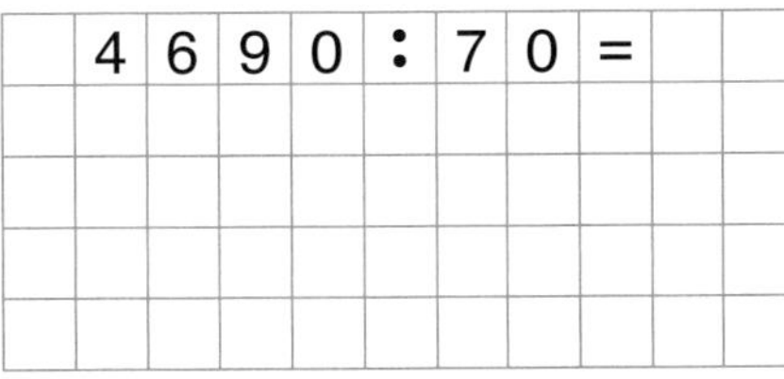
4 6 9 0 : 7 0 =

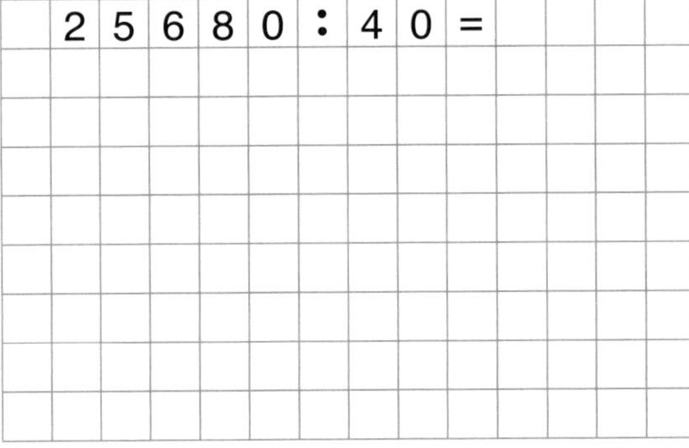
2 5 6 8 0 : 4 0 =

4 3 5 6 0 : 3 0 =

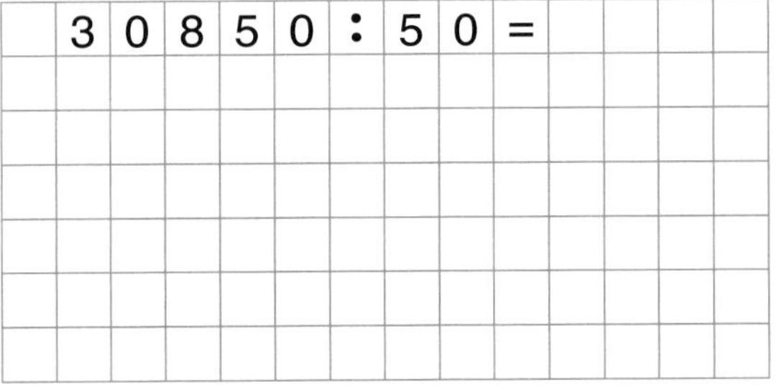
3 0 8 5 0 : 5 0 =

5 9 0 8 0 : 7 0 =

Dividieren mit 12, 15 und 25

1. Setze die Reihen fort.

1	•	12	=	12	
2	•	12	=		
3	•	12	=		
4	•	12	=		
5	•	12	=		
6	•	12	=		
7	•	12	=		
8	•	12	=		
9	•	12	=		
10	•	12	=		

1	•	15	=	15	
2	•	15	=		
3	•	15	=		
4	•	15	=		
5	•	15	=		
6	•	15	=		
7	•	15	=		
8	•	15	=		
9	•	15	=		
10	•	15	=		

2. Dividiere schriftlich.

6768 : 12 =

3924 : 12 =

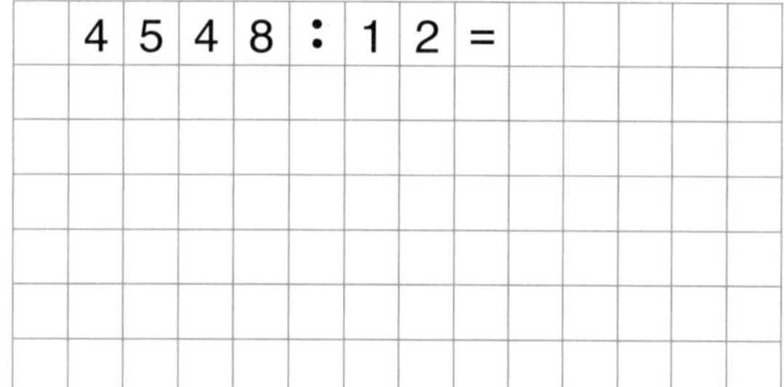

4548 : 12 =

9072 : 12 =

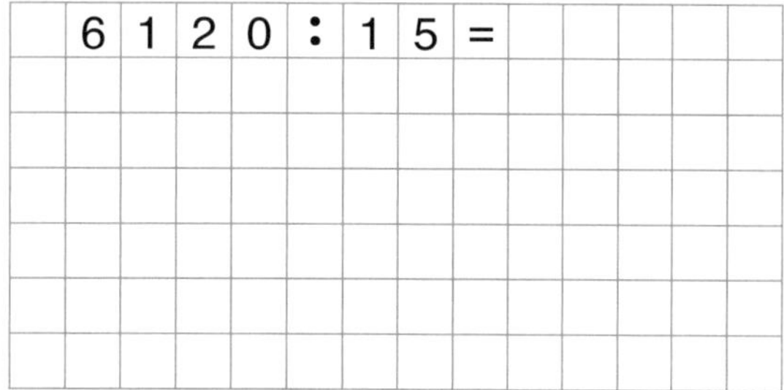

6120 : 15 =

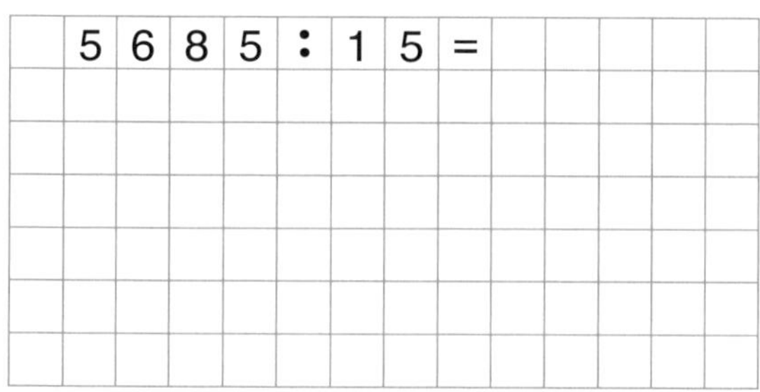

5685 : 15 =

1125 : 25 =

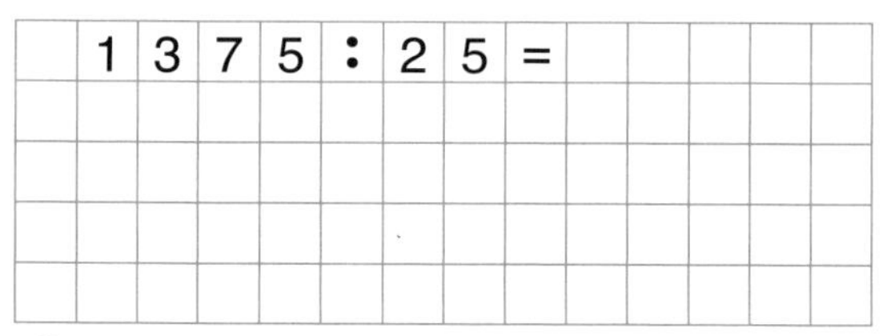

1375 : 25 =

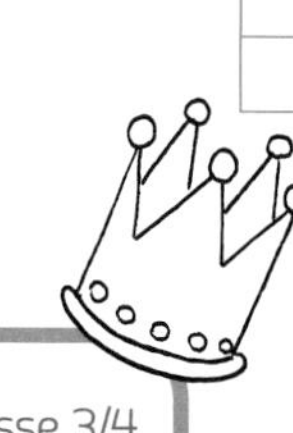

Lösungen

Lösungen

Halbschriftliches Addieren – Wiederholen und üben

So geht es:

352 + 247 = **599**
300 + 200 = 500
50 + 40 = 90
2 + 7 = 9

Wenn du die Zwischenergebnisse addierst, bekommst du das Endergebnis heraus!

1. Addiere halbschriftlich.

64 + 35 = 99
60 + 30 = 90
4 + 5 = 9

53 + 46 = 99
50 + 40 = 90
3 + 6 = 9

42 + 27 = 69
40 + 20 = 60
2 + 7 = 9

48 + 29 = 77
40 + 20 = 60
8 + 9 = 17

51 + 37 = 88
50 + 30 = 80
1 + 7 = 8

67 + 28 = 95
60 + 20 = 80
7 + 8 = 15

2. Addiere auch hier.

148 + 231 = 379
100 + 200 = 300
40 + 30 = 70
8 + 1 = 9

372 + 253 = 625
300 + 200 = 500
70 + 50 = 120
2 + 3 = 5

356 + 272 = 628
300 + 200 = 500
50 + 70 = 120
6 + 2 = 8

458 + 195 = 653
400 + 100 = 500
50 + 90 = 140
8 + 5 = 13

294 + 96 = 390
200 + 0 = 200
90 + 90 = 180
4 + 6 = 10

305 + 87 = 392
300 + 0 = 300
0 + 80 = 80
5 + 7 = 12

279 + 238 = 517
200 + 200 = 400
70 + 30 = 100
9 + 8 = 17

382 + 264 = 646
300 + 200 = 500
80 + 60 = 140
2 + 4 = 6

Addieren ohne Übertrag

1. Addiere schriftlich.

H	Z	E
	4	6
+	2	3
	6	9

H	Z	E
	4	2
+	3	6
	7	8

H	Z	E
	5	1
+	2	6
	7	7

H	Z	E
	7	3
+	1	5
	8	8

H	Z	E
	6	8
+	2	1
	8	9

312 + 125 = 437
248 + 231 = 479
634 + 265 = 899
451 + 123 = 574
717 + 271 = 988

274 + 223 = 497
356 + 242 = 598
167 + 132 = 299
511 + 278 = 789
842 + 136 = 978

2. Addiere auch hier.

721 + 238 = 959
645 + 314 = 959
517 + 181 = 698
271 + 214 = 485
663 + 325 = 988

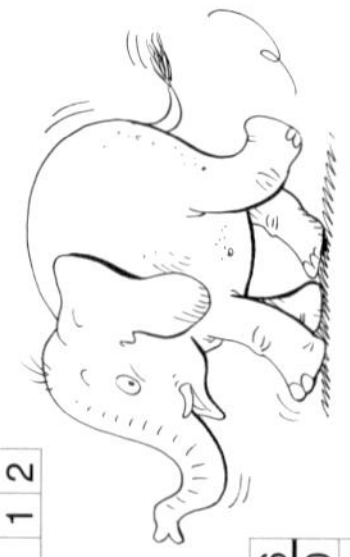

413 + 415 = 828
363 + 231 = 594
746 + 142 = 888
561 + 332 = 893
275 + 124 = 399

616 + 273 = 889
483 + 312 = 795
212 + 264 = 476
371 + 323 = 694
716 + 251 = 967

Addieren mit der Null und mit Stellenunterschied

1. Addiere schriftlich.

H Z E	H Z E	H Z E	H Z E	H Z E
650 + 234 = 884	257 + 201 = 458	870 + 129 = 999	320 + 248 = 568	707 + 282 = 989
842 + 107 = 949	310 + 278 = 588	496 + 202 = 698	673 + 320 = 993	408 + 291 = 699
403 + 270 = 673	360 + 208 = 568	504 + 402 = 906	290 + 507 = 797	320 + 410 = 730

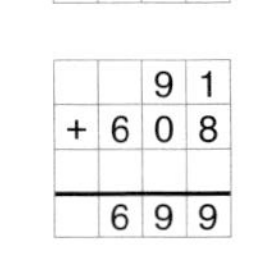

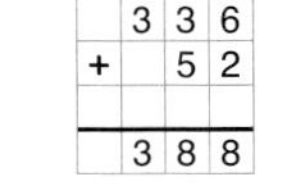

2. Addiere auch hier schriftlich. Achte auf den Stellenunterschied.

H Z E	H Z E	H Z E	H Z E	H Z E
242 + 53 = 295	752 + 45 = 797	817 + 62 = 879	340 + 28 = 368	406 + 81 = 487
93 + 501 = 594	23 + 261 = 284	64 + 434 = 498	71 + 315 = 386	91 + 608 = 699

3. Schreibe stellengerecht untereinander. Rechne aus.

280 + 213	607 + 241	322 + 130	81 + 614	336 + 52
280 + 213 = 493	607 + 241 = 848	322 + 130 = 452	81 + 614 = 695	336 + 52 = 388

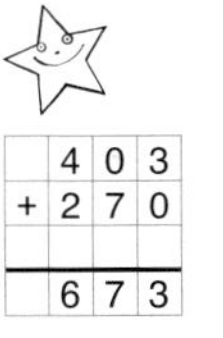
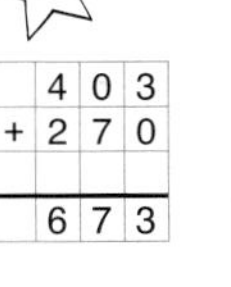
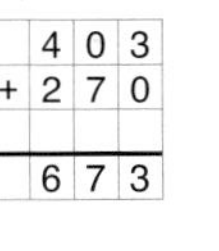
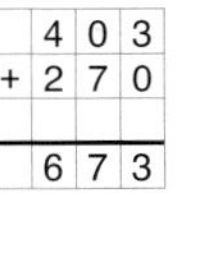

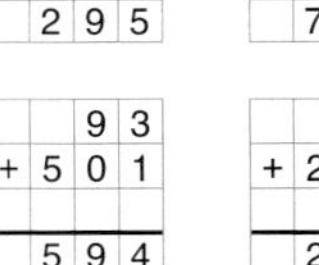

Addieren mit einem Übertrag

1. Addiere schriftlich. Achte auf den Übertrag.

H Z E	H Z E	H Z E	H Z E	H Z E
465 + 227 = 692	348 + 135 = 483	279 + 213 = 492	637 + 226 = 863	728 + 148 = 876
657 + 262 = 919	268 + 261 = 529	438 + 381 = 819	572 + 296 = 868	681 + 240 = 921
497 + 321 = 818	608 + 326 = 934	519 + 247 = 766	877 + 113 = 990	751 + 86 = 837

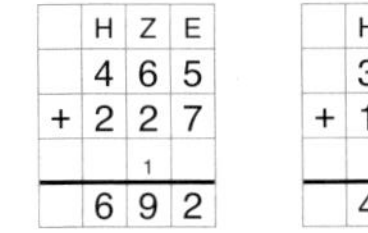
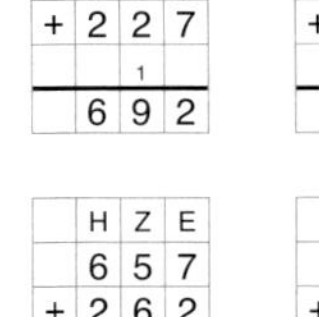

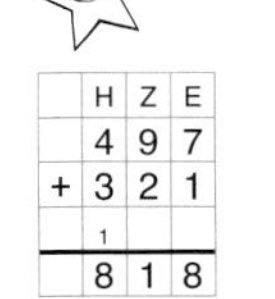

2. Addiere. Achte auch hier auf den Übertrag.

374 + 365 = 739	886 + 109 = 995	47 + 319 = 366	430 + 476 = 906	611 + 279 = 890
629 + 253 = 882	347 + 190 = 537	596 + 332 = 928	470 + 350 = 820	799 + 110 = 909
807 + 124 = 931	638 + 281 = 919	355 + 327 = 682	517 + 309 = 826	672 + 53 = 725

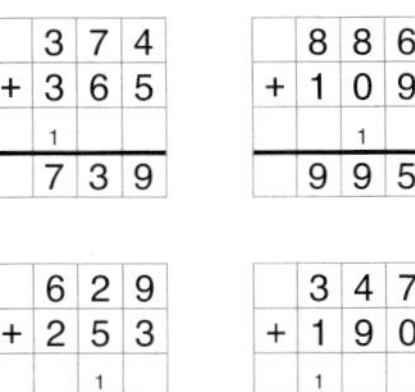
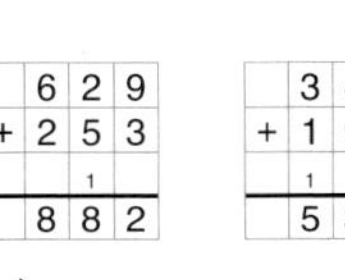
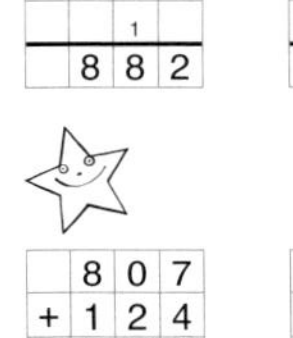
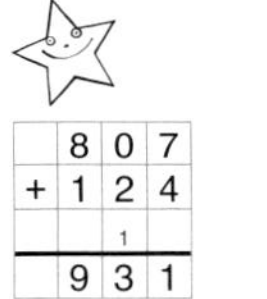

Lösungen

Addieren mit mehreren Überträgen

1. Addiere schriftlich. Achte auf den Übertrag.

364 + 258 = 622 | 799 + 143 = 942 | 485 + 236 = 721 | 578 + 354 = 932 | 289 + 223 = 512

657 + 264 = 921 | 878 + 156 = 1034 | 397 + 225 = 622 | 283 + 247 = 530 | 665 + 258 = 923

597 + 214 = 811 | 628 + 292 = 920 | 547 + 354 = 901 | 291 + 649 = 940 | 409 + 198 = 607

89 + 743 = 832 | 307 + 298 = 605 | 696 + 105 = 801 | 825 + 98 = 923 | 479 + 56 = 535

686 + 314 = 1000 | 495 + 505 = 1000 | 823 + 177 = 1000 | 964 + 36 = 1000 | 758 + 242 = 1000

2. Schreibe stellengerecht untereinander. Rechne aus.

675 + 126 | 367 + 255 | 489 + 265 | 561 + 299 | 539 + 461

675 + 126 = 801 | 367 + 255 = 622 | 489 + 265 = 754 | 561 + 299 = 860 | 539 + 461 = 1000

Addieren mit mehreren Summanden

1. Aufgaben ohne Übertrag. Addiere schriftlich.

221 + 260 + 115 = 596 | 354 + 212 + 223 = 789 | 613 + 152 + 124 = 889 | 462 + 217 + 220 = 899 | 543 + 232 + 124 = 899

2. Aufgaben mit einem Übertrag.

643 + 121 + 155 = 919 | 402 + 256 + 138 = 796 | 291 + 234 + 263 = 788 | 347 + 108 + 225 = 680 | 670 + 85 + 143 = 898

419 + 138 + 127 = 684 | 253 + 192 + 94 = 539 | 608 + 137 + 249 = 994 | 291 + 283 + 64 = 638 | 357 + 208 + 217 = 782

3. Aufgaben mit zwei Überträgen.

347 + 278 + 112 = 737 | 293 + 178 + 65 = 536 | 461 + 269 + 203 = 933 | 665 + 47 + 159 = 871 | 374 + 290 + 327 = 991

122 + 337 + 205 + 178 + 120 = 962 | 325 + 87 + 412 + 107 + 139 = 1070 | 496 + 132 + 80 + 243 + 207 = 1158 | 295 + 107 + 165 + 99 + 350 = 1016 | 525 + 170 + 93 + 247 + 51 = 1086

Lösungen

Addieren mit Kommazahlen

1. Überschlage zuerst. Addiere dann schriftlich.

13,35 € + 4,79 €	*Ü: 13 € + 5 € = 18 €*	13,35 € + 4,79 € = 18,14 €
38,95 € + 6,07 €	*Ü: 39 € + 6 € = 45 €*	38,95 € + 6,07 € = 45,02 €
51,60 € + 9,25 €	*Ü: 52 € + 9 € = 61 €*	51,60 € + 9,25 € = 60,85 €
7,98 € + 21,10 €	*Ü: 8 € + 21 € = 29 €*	7,98 € + 21,10 € = 29,08 €
3,95 € + 6,24 €	*Ü: 4 € + 6 € = 10 €*	3,95 € + 6,24 € = 10,19 €
29,90 € + 34,86 €	*Ü: 30 € + 35 € = 65 €*	29,90 € + 34,86 € = 64,76 €
92,10 € + 11,36 €	*Ü: 92 € + 11 € = 103 €*	92,10 € + 11,36 € = 103,46 €
89,42 € + 16,98 €	*Ü: 89 € + 17 € = 106 €*	89,42 € + 16,98 € = 106,40 €
40,63 € + 71,99 €	*Ü: 41 € + 72 € = 113 €*	40,63 € + 71,99 € = 112,62 €

2. Überprüfe die Aufgaben. Markiere die Fehler farbig und kreuze an.

Aufgabe	richtig	falsch
36,22 € + 17,94 € = 53,16 €	❑	☒
27,99 € + 19,95 € = 47,94 €	❑	☒
48,07 € + 52,88 € = 100,95 €	☒	❑
64,35 € + 7,99 € = 72,24 €	❑	☒

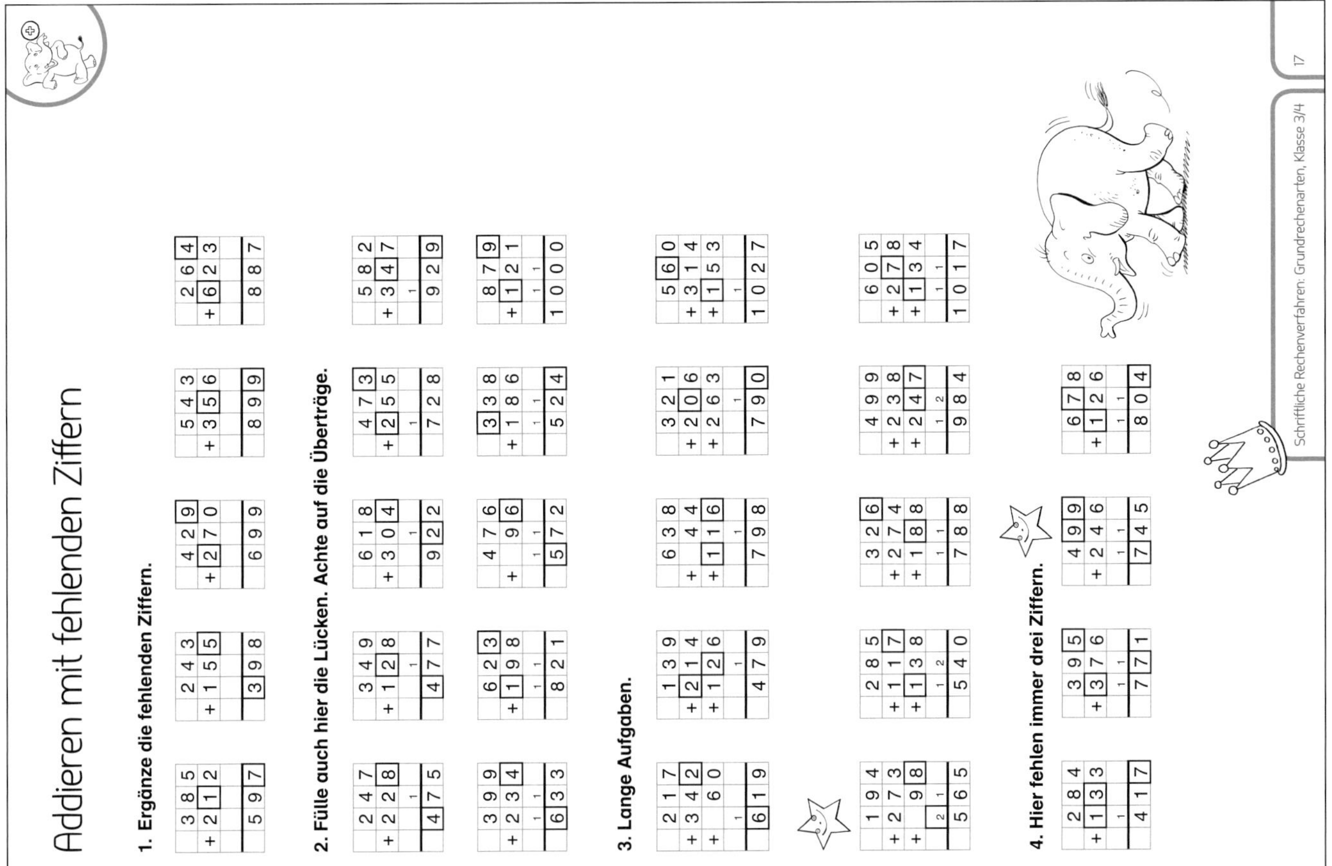

Addieren mit fehlenden Ziffern

1. Ergänze die fehlenden Ziffern.

385 + 212 = 597; 243 + 155 = 398; 429 + 270 = 699; 543 + 356 = 899; 264 + 623 = 887

2. Fülle auch hier die Lücken. Achte auf die Überträge.

247 + 228 = 475; 349 + 128 = 477; 618 + 304 = 922; 473 + 255 = 728; 582 + 347 = 929

399 + 234 = 633; 623 + 198 = 821; 476 + 96 = 572; 338 + 186 = 524; 879 + 121 = 1000

3. Lange Aufgaben.

217 + 342 + 60 = 619; 139 + 214 + 126 = 479; 638 + 44 + 116 = 798; 321 + 206 + 263 = 790; 560 + 314 + 153 = 1027

194 + 273 + 98 = 565; 285 + 117 + 138 = 540; 326 + 274 + 188 = 788; 499 + 238 + 247 = 984; 605 + 278 + 134 = 1017

4. Hier fehlen immer drei Ziffern.

284 + 133 = 417; 395 + 376 = 771; 499 + 246 = 745; 678 + 126 = 804

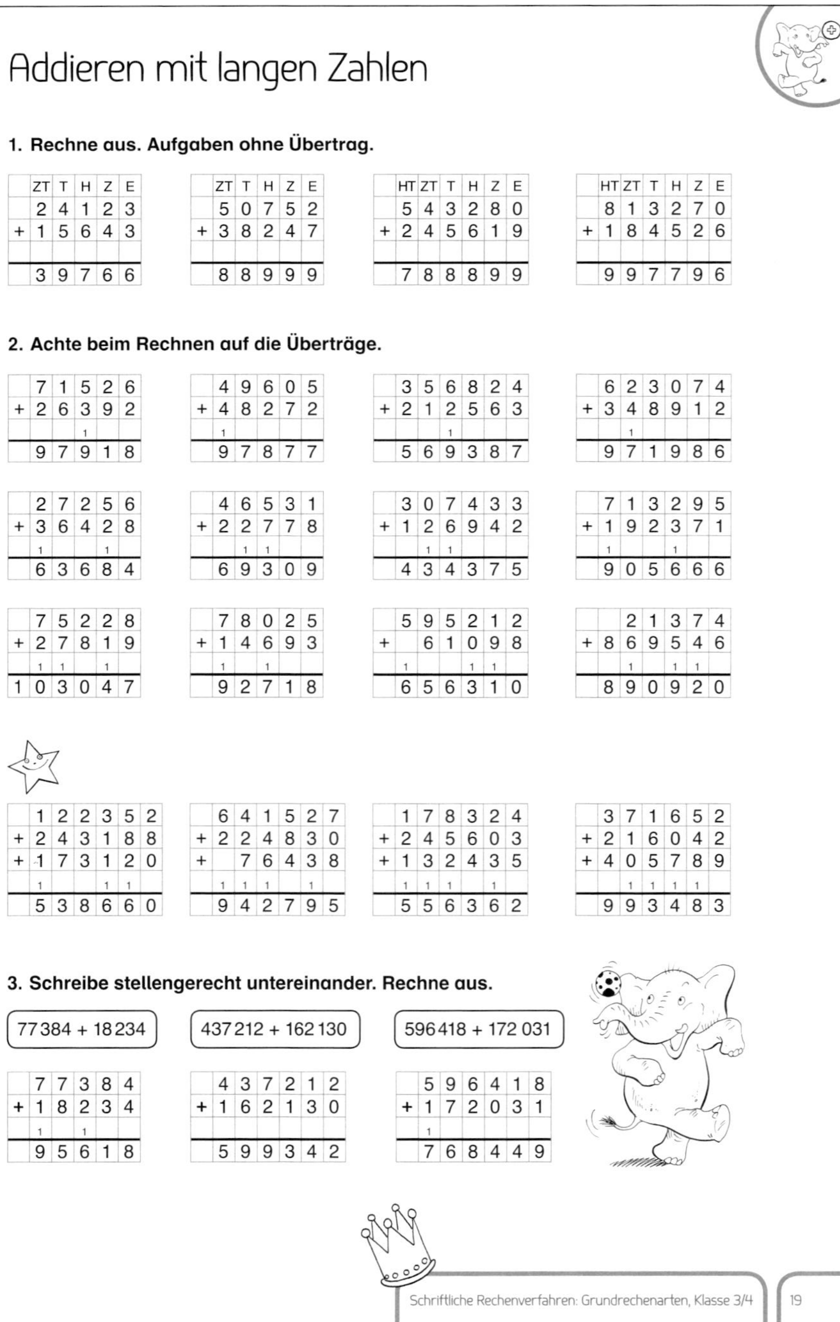

Addieren mit langen Zahlen

1. Rechne aus. Aufgaben ohne Übertrag.

ZT	T	H	Z	E
2	4	1	2	3
+ 1	5	6	4	3
3	9	7	6	6

ZT	T	H	Z	E
5	0	7	5	2
+ 3	8	2	4	7
8	8	9	9	9

HT	ZT	T	H	Z	E
5	4	3	2	8	0
+ 2	4	5	6	1	9
7	8	8	8	9	9

HT	ZT	T	H	Z	E
8	1	3	2	7	0
+ 1	8	4	5	2	6
9	9	7	7	9	6

2. Achte beim Rechnen auf die Überträge.

71526 + 26392 = 97918
49605 + 48272 = 97877
356824 + 212563 = 569387
623074 + 348912 = 971986

27256 + 36428 = 63684
46531 + 22778 = 69309
307433 + 126942 = 434375
713295 + 192371 = 905666

75228 + 27819 = 103047
78025 + 14693 = 92718
595212 + 61098 = 656310
21374 + 869546 = 890920

122352 + 243188 + 173120 = 538660
641527 + 224830 + 76438 = 942795
178324 + 245603 + 132435 = 556362
371652 + 216042 + 405789 = 993483

3. Schreibe stellengerecht untereinander. Rechne aus.

77384 + 18234 | 437212 + 162130 | 596418 + 172031

77384 + 18234 = 95618
437212 + 162130 = 599342
596418 + 172031 = 768449

Schriftliche Rechenverfahren: Grundrechenarten, Klasse 3/4 19

© Verlag an der Ruhr | Autorin: Stephanie Cech-Wenning | Illustrationen: Norbert Höveler | ISBN 978-3-8346-3584-6

Halbschriftliches Subtrahieren – Wiederholen und üben

So geht es:

746 − 235 = **511**
746 − 200 = 546
546 − 30 = 516
516 − 5 = 511

1. Subtrahiere halbschriftlich.

89 − 67 = 22
89 − 60 = 29
29 − 7 = 22

97 − 58 = 39
97 − 50 = 47
47 − 8 = 39

85 − 47 = 38
85 − 40 = 45
45 − 7 = 38

91 − 74 = 17
91 − 70 = 21
21 − 4 = 17

88 − 69 = 19
88 − 60 = 28
28 − 9 = 19

75 − 38 = 37
75 − 30 = 45
45 − 8 = 37

90 − 64 = 26
90 − 60 = 30
30 − 4 = 26

78 − 39 = 39
78 − 30 = 48
48 − 9 = 39

84 − 65 = 19
84 − 60 = 24
24 − 5 = 19

2. Subtrahiere auch hier.

538 − 227 = 311
538 − 200 = 338
338 − 20 = 318
318 − 7 = 311

695 − 348 = 347
695 − 300 = 395
395 − 40 = 355
355 − 8 = 347

892 − 356 = 536
892 − 300 = 592
592 − 50 = 542
542 − 6 = 536

748 − 453 = 295
748 − 400 = 348
348 − 50 = 298
298 − 3 = 295

20 Schriftliche Rechenverfahren: Grundrechenarten, Klasse 3/4

© Verlag an der Ruhr | Autorin: Stephanie Cech-Wenning | Illustrationen: Norbert Höveler | ISBN 978-3-8346-3584-6

Lösungen

Subtrahieren mit der Null und mit Stellenunterschied

1. Subtrahiere schriftlich.

739 − 205 = 534
584 − 430 = 154
279 − 108 = 171
641 − 320 = 321
958 − 407 = 551

386 − 130 = 256
671 − 201 = 470
863 − 460 = 403
785 − 485 = 300
599 − 109 = 490

2. Subtrahiere auch hier schriftlich. Achte auf den Stellenunterschied.

587 − 52 = 535
657 − 43 = 614
896 − 80 = 816
549 − 46 = 503
789 − 69 = 720

935 − 34 = 901
879 − 64 = 815
758 − 56 = 702
399 − 60 = 339
578 − 72 = 506

3. Schreibe stellengerecht untereinander. Rechne aus.

511 − 101 | 689 − 270 | 966 − 36 | 785 − 504 | 837 − 22

511 − 101 = 410
689 − 270 = 419
966 − 36 = 930
785 − 504 = 281
837 − 22 = 815

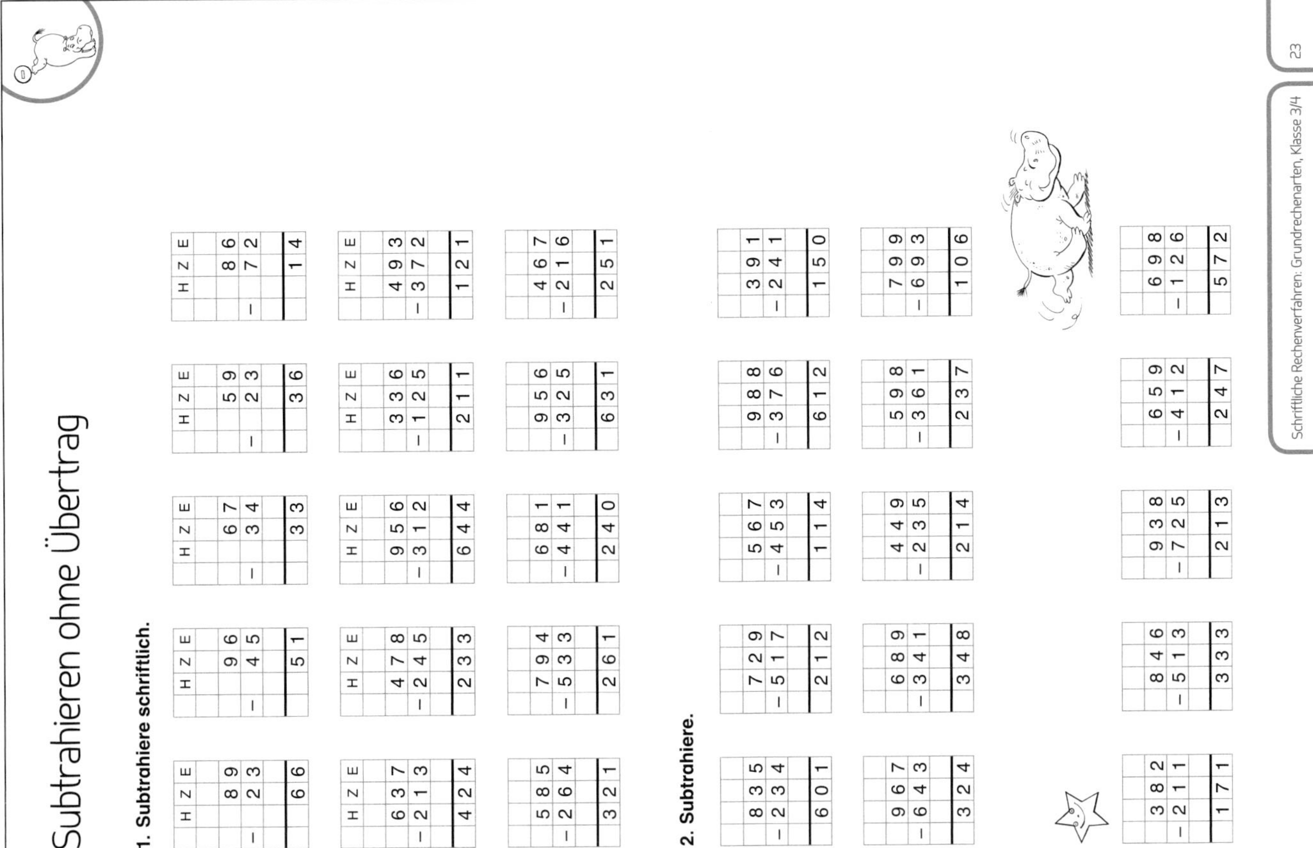

Subtrahieren ohne Übertrag

1. Subtrahiere schriftlich.

H	Z	E

89 − 23 = 66
96 − 45 = 51
67 − 34 = 33
59 − 23 = 36
86 − 72 = 14

637 − 213 = 424
478 − 245 = 233
956 − 312 = 644
336 − 125 = 211
493 − 372 = 121

585 − 264 = 321
794 − 533 = 261
681 − 441 = 240
956 − 325 = 631
467 − 216 = 251

2. Subtrahiere.

835 − 234 = 601
729 − 517 = 212
567 − 453 = 114
988 − 376 = 612
391 − 241 = 150

967 − 643 = 324
689 − 341 = 348
449 − 235 = 214
598 − 361 = 237
799 − 693 = 106

382 − 211 = 171
846 − 513 = 333
938 − 725 = 213
659 − 412 = 247
698 − 126 = 572

Schriftliche Rechenverfahren: Grundrechenarten, Klasse 3/4 23

Subtrahieren mit einem Übertrag

1. Subtrahiere schriftlich. Achte auf den Übertrag.

	HZE	HZE	HZE	HZE	HZE
	653	784	973	846	587
−	225	326	427	217	349
	428	458	546	629	238

	HZE	HZE	HZE	HZE	HZE
	547	816	729	835	958
−	253	435	386	264	573
	294	381	343	571	385

2. Subtrahiere. Achte auch hier auf den Übertrag.

	724	695	348	496	773
−	318	437	157	268	459
	406	258	191	228	314

	952	567	495	677	389
−	418	293	128	458	197
	534	274	367	219	192

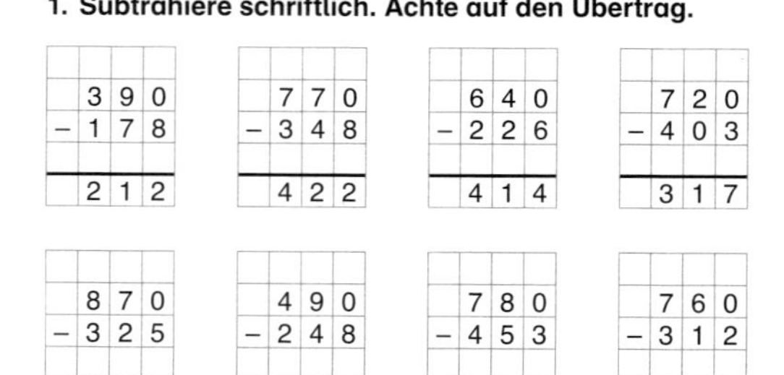

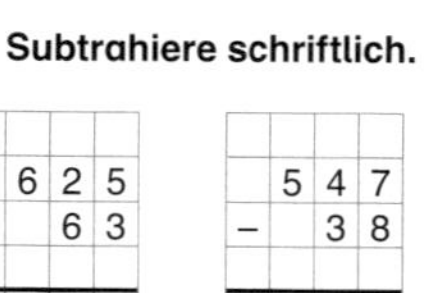

	457	681	543	916	762
−	283	327	128	685	548
	174	354	415	231	214

Subtrahieren mit besonderen Aufgaben

1. Subtrahiere schriftlich. Achte auf den Übertrag.

	390	770	640	720	490
−	178	348	226	403	139
	212	422	414	317	351

	870	490	780	760	940
−	325	248	453	312	628
	545	242	327	448	312

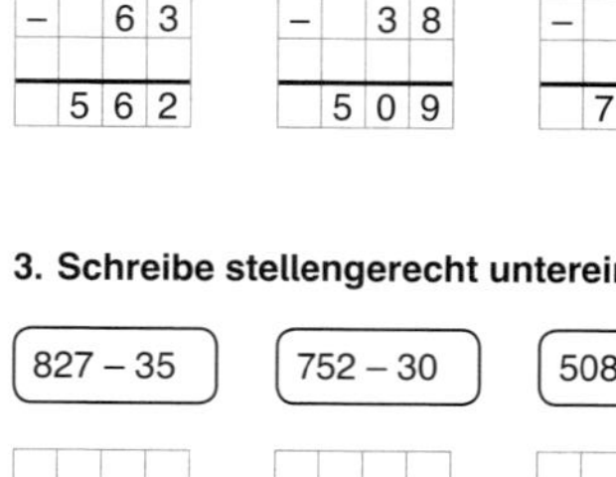

	507	904	308	403	706
−	213	382	176	292	435
	294	522	132	111	271

2. Subtrahiere schriftlich.

	625	547	849	730	568
−	63	38	60	28	95
	562	509	789	702	473

3. Schreibe stellengerecht untereinander. Rechne aus.

827 – 35 | 752 – 30 | 508 – 26 | 391 – 78 | 626 – 209

	827	752	508	391	626
−	35	30	26	78	209
	792	722	482	313	417

Subtrahieren mit mehreren Überträgen

1. Subtrahiere schriftlich. Achte auf die Überträge.

643	827	531	476	325
− 265	− 178	− 348	− 188	− 168
378	649	183	288	157

712	647	328	562	423
− 453	− 258	− 179	− 268	− 247
259	389	149	294	176

580	804	650	902	706
− 382	− 237	− 198	− 518	− 257
198	567	452	384	449

620	780	308	501	830
− 399	− 482	− 129	− 247	− 637
221	298	179	254	193

900	800	600	900	700
− 253	− 178	− 346	− 248	− 561
647	622	254	652	139

2. Schreibe stellengerecht untereinander. Rechne aus.

400 – 299	320 – 98	763 – 488	507 – 218	643 – 195
400	320	763	507	643
− 299	− 98	− 488	− 218	− 195
101	222	275	289	448

Subtrahieren mit Übertrag und Probe

Subtrahiere schriftlich. Mache die Probe mit der Plus-Aufgabe.

1.

673	847	982	739	820
− 244	− 452	− 315	− 564	− 319
429	395	667	175	501

Probe:

429	395	667	175	501
+ 244	+ 452	+ 315	+ 564	+ 319
1	1	1	1	1
673	847	982	739	820

2.

846	552	796	683	409
− 291	− 136	− 348	− 217	− 159
555	416	448	466	250

Probe:

555	416	448	466	250
+ 291	+ 136	+ 348	+ 217	+ 159
1	1	1	1	1
846	552	796	683	409

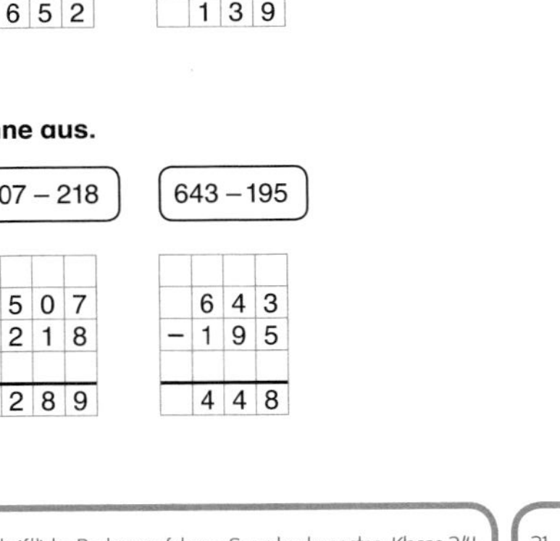

3.

733	904	820	578	636
− 256	− 487	− 699	− 279	− 389
477	417	121	299	247

Probe:

477	417	121	299	247
+ 256	+ 487	+ 699	+ 279	+ 389
1 1	1 1	1 1	1 1	1 1
733	904	820	578	636

Lösungen

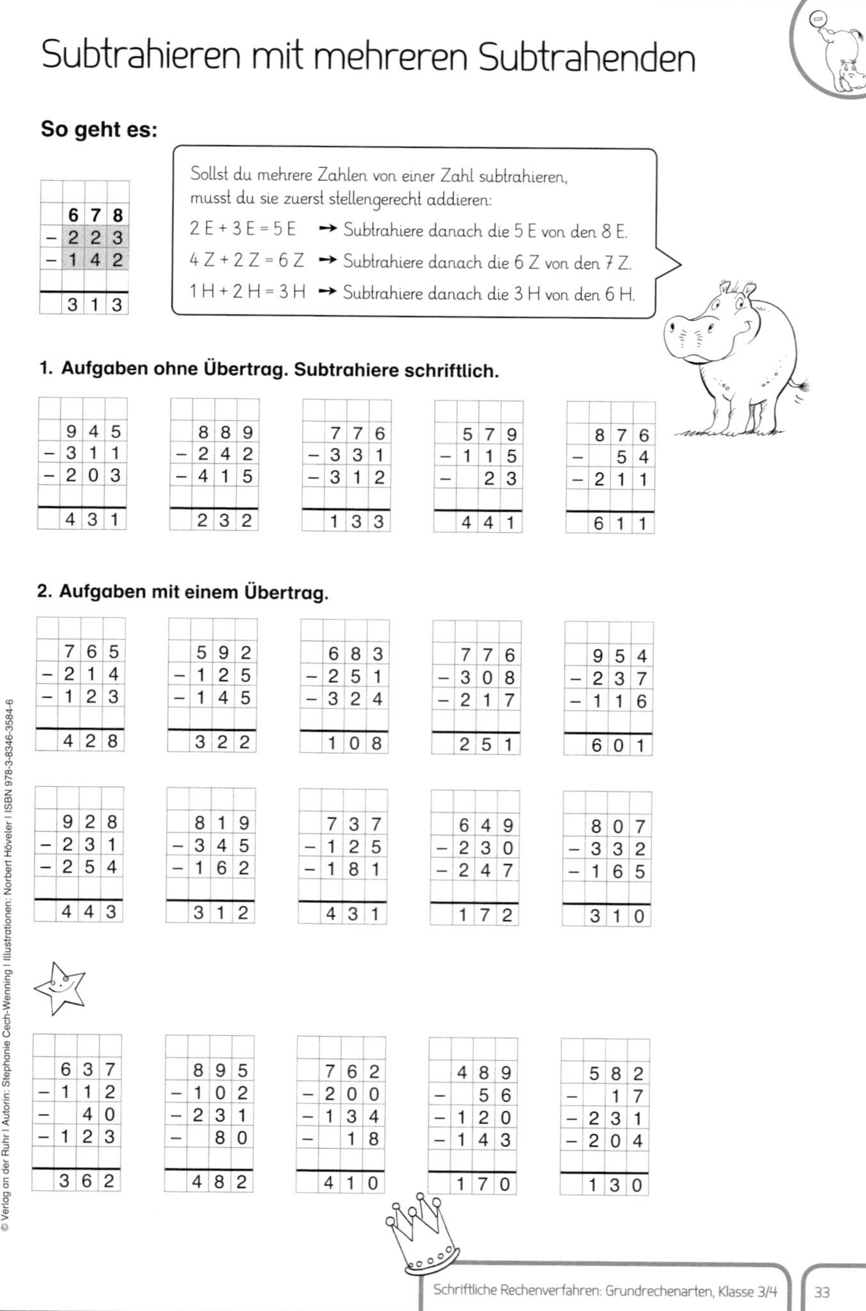

Subtrahieren mit mehreren Subtrahenden

So geht es:

	678
−	223
−	142
	313

Sollst du mehrere Zahlen von einer Zahl subtrahieren, musst du sie zuerst stellengerecht addieren:

2 E + 3 E = 5 E → Subtrahiere danach die 5 E von den 8 E.

4 Z + 2 Z = 6 Z → Subtrahiere danach die 6 Z von den 7 Z.

1 H + 2 H = 3 H → Subtrahiere danach die 3 H von den 6 H.

1. Aufgaben ohne Übertrag. Subtrahiere schriftlich.

a	b	c	d	e
945	889	776	579	876
− 311	− 242	− 331	− 115	− 54
− 203	− 415	− 312	− 23	− 211
431	232	133	441	611

2. Aufgaben mit einem Übertrag.

a	b	c	d	e
765	592	683	776	954
− 214	− 125	− 251	− 308	− 237
− 123	− 145	− 324	− 217	− 116
428	322	108	251	601

a	b	c	d	e
928	819	737	649	807
− 231	− 345	− 125	− 230	− 332
− 254	− 162	− 181	− 247	− 165
443	312	431	172	310

a	b	c	d	e
637	895	762	489	582
− 112	− 102	− 200	− 56	− 17
− 40	− 231	− 134	− 120	− 231
− 123	− 80	− 18	− 143	− 204
362	482	410	170	130

Subtrahieren mit besonderen Überträgen

1. Aufgaben mit zwei Überträgen. Subtrahiere schriftlich.

a	b	c	d	e
843	926	657	486	700
− 255	− 148	− 308	− 150	− 262
− 143	− 75	− 269	− 238	− 237
445	703	80	98	201

a	b	c	d	e
914	756	582	874	631
− 153	− 299	− 169	− 355	− 217
− 247	− 103	− 121	− 149	− 124
514	354	292	370	290

2. Aufgaben mit höheren Überträgen.

a	b	c	d	e
853	674	908	756	580
− 217	− 138	− 272	− 172	− 214
− 118	− 207	− 145	− 93	− 238
518	329	491	491	128

a	b	c	d	e
921	473	642	835	712
− 289	− 198	− 278	− 399	− 286
− 177	− 186	− 197	− 278	− 159
455	89	167	158	267

a	b	c	d	e
732	846	802	510	900
− 458	− 278	− 179	− 269	− 254
− 99	− 399	− 485	− 173	− 587
175	169	138	68	59

Lösungen

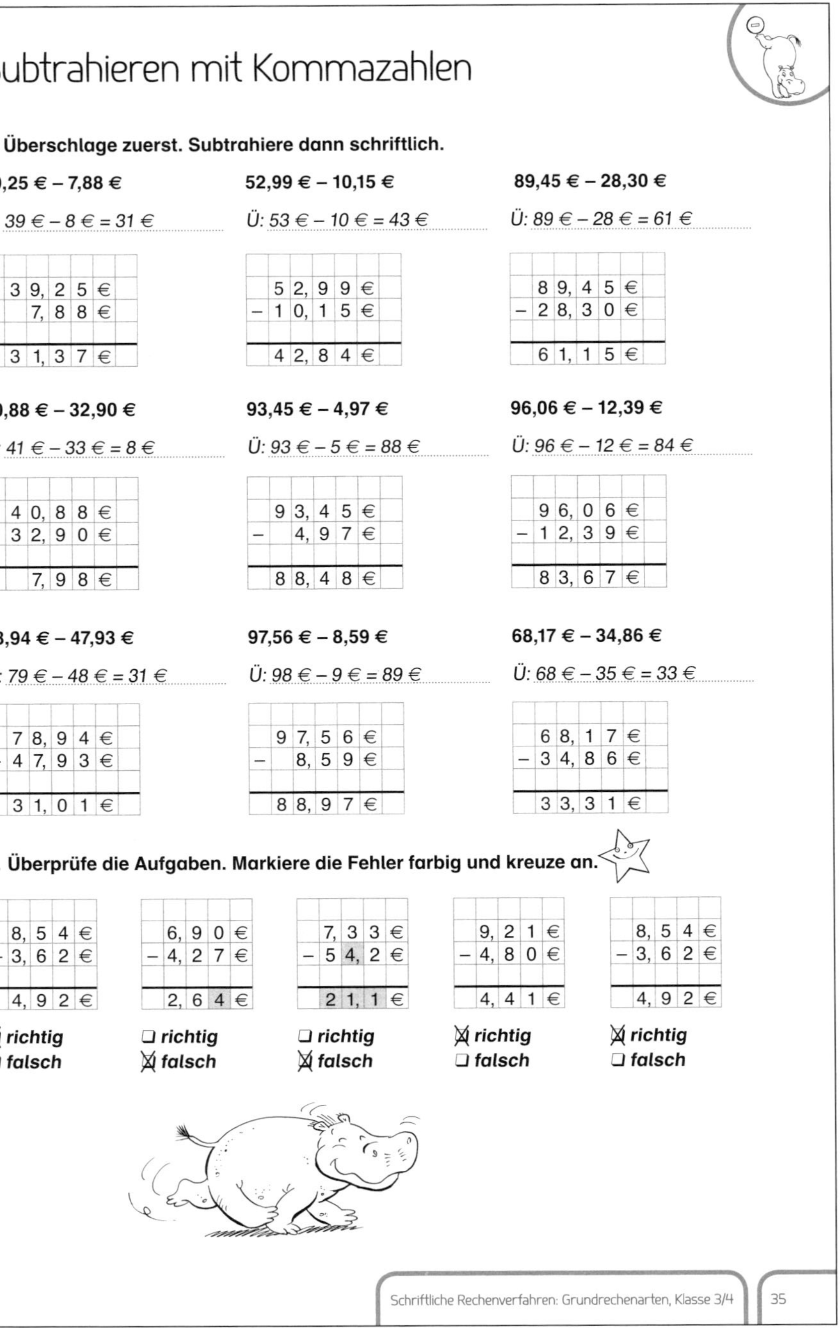

Subtrahieren mit Kommazahlen

1. Überschlage zuerst. Subtrahiere dann schriftlich.

39,25 € – 7,88 €
Ü: 39 € – 8 € = 31 €
39,25 € – 7,88 € = 31,37 €

52,99 € – 10,15 €
Ü: 53 € – 10 € = 43 €
52,99 € – 10,15 € = 42,84 €

89,45 € – 28,30 €
Ü: 89 € – 28 € = 61 €
89,45 € – 28,30 € = 61,15 €

40,88 € – 32,90 €
Ü: 41 € – 33 € = 8 €
40,88 € – 32,90 € = 7,98 €

93,45 € – 4,97 €
Ü: 93 € – 5 € = 88 €
93,45 € – 4,97 € = 88,48 €

96,06 € – 12,39 €
Ü: 96 € – 12 € = 84 €
96,06 € – 12,39 € = 83,67 €

78,94 € – 47,93 €
Ü: 79 € – 48 € = 31 €
78,94 € – 47,93 € = 31,01 €

97,56 € – 8,59 €
Ü: 98 € – 9 € = 89 €
97,56 € – 8,59 € = 88,97 €

68,17 € – 34,86 €
Ü: 68 € – 35 € = 33 €
68,17 € – 34,86 € = 33,31 €

2. Überprüfe die Aufgaben. Markiere die Fehler farbig und kreuze an.

8,54 € – 3,62 € = 4,92 € — ☒ *richtig* ❑ *falsch*

6,90 € – 4,27 € = 2,64 € — ❑ *richtig* ☒ *falsch*

7,33 € – 54,2 € = 21,1 € — ❑ *richtig* ☒ *falsch*

9,21 € – 4,80 € = 4,41 € — ☒ *richtig* ❑ *falsch*

8,54 € – 3,62 € = 4,92 € — ☒ *richtig* ❑ *falsch*

35 Schriftliche Rechenverfahren: Grundrechenarten, Klasse 3/4

© Verlag an der Ruhr | Autorin: Stephanie Cech-Wenning | Illustrationen: Norbert Höveler | ISBN 978-3-8346-3584-6

Subtrahieren mit langen Zahlen

1. Rechne aus. Aufgaben ohne Übertrag.

	ZT	T	H	Z	E
	3	4	6	8	9
–	1	1	2	7	5
	2	3	4	1	4

	ZT	T	H	Z	E
	9	8	7	3	2
–	4	6	5	1	2
	5	2	2	2	0

	HT	ZT	T	H	Z	E
	8	5	4	8	8	8
–	4	5	0	7	5	3
	4	0	4	1	3	5

	HT	ZT	T	H	Z	E
	7	3	2	9	6	5
–	5	1	2	8	3	4
	2	2	0	1	3	1

2. Achte beim Rechnen auf die Überträge.

58256 – 26534 = 31722

67803 – 12453 = 55350

559246 – 326037 = 233209

819478 – 446456 = 373022

96725 – 22364 = 74361

84197 – 51395 = 32802

490827 – 414815 = 76012

675439 – 582418 = 93021

83476 – 47328 = 36148

76403 – 34264 = 42139

510692 – 247315 = 263377

903451 – 172566 = 730885

92724 8 – 21431 2 – 10114 3 = 61179 3

836987 – 241215 – 127331 = 468441

643207 – 151121 – 231148 = 260938

716212 – 302431 – 125827 = 287954

3. Schreibe stellengerecht untereinander. Rechne aus.

632756 – 124132 = 508624

567304 – 265816 = 301488

438907 – 75225 = 363682

36 Schriftliche Rechenverfahren: Grundrechenarten, Klasse 3/4

© Verlag an der Ruhr | Autorin: Stephanie Cech-Wenning | Illustrationen: Norbert Höveler | ISBN 978-3-8346-3584-6

Halbschriftliches Multiplizieren – Wiederholen und üben

So geht es:

6	·	2	7	4	=	1	6	4	4
6	·	2	0	0	=	1	2	0	0
6	·		7	0	=		4	2	0
6	·			4	=			2	4

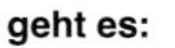

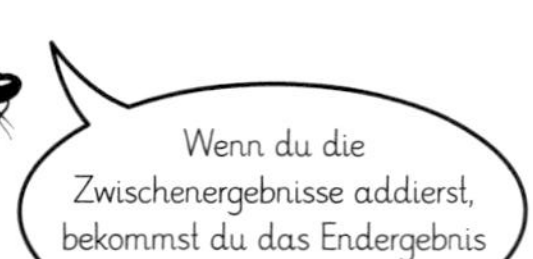

1. Multipliziere halbschriftlich.

3 · 25 = 75
3 · 20 = 60
3 · 5 = 15

6 · 34 = 204
6 · 30 = 180
6 · 4 = 24

7 · 58 = 406
7 · 50 = 350
7 · 8 = 56

47 · 5 = 235
40 · 5 = 200
7 · 5 = 35

86 · 3 = 258
80 · 3 = 240
6 · 3 = 18

95 · 4 = 380
90 · 4 = 360
5 · 4 = 20

6 · 57 = 342
6 · 50 = 300
6 · 7 = 42

8 · 62 = 496
8 · 60 = 480
8 · 2 = 16

3 · 87 = 261
3 · 80 = 240
3 · 7 = 21

2. Multipliziere auch hier.

8 · 245 = 1960
8 · 200 = 1600
8 · 40 = 320
8 · 5 = 40

5 · 397 = 1985
5 · 300 = 1500
5 · 90 = 450
5 · 7 = 35

9 · 418 = 3762
9 · 400 = 3600
9 · 10 = 90
9 · 8 = 72

752 · 2 = 1504
700 · 2 = 1400
50 · 2 = 100
2 · 2 = 4

643 · 6 = 3858
600 · 6 = 3600
40 · 6 = 240
3 · 6 = 18

360 · 8 = 2880
300 · 8 = 2400
60 · 8 = 480
0 · 8 = 0

256 · 9 = 2304
200 · 9 = 1800
50 · 9 = 450
6 · 9 = 54

7 · 523 = 3661
7 · 500 = 3500
7 · 20 = 140
7 · 3 = 21

399 · 4 = 1596
300 · 4 = 1200
90 · 4 = 360
9 · 4 = 36

Multiplizieren mit einstelligen Zahlen

1. Multipliziere schriftlich.

H Z E		H Z E		H Z E		H Z E	
234 · 3	702	352 · 4	1408	184 · 5	920	276 · 4	1104
392 · 6	2352	154 · 8	1232	237 · 3	711	492 · 7	3444
653 · 3	1959	239 · 9	2151	178 · 8	1424	341 · 6	2046
417 · 7	2919	531 · 4	2124	385 · 5	1925	227 · 9	2043

2. Multipliziere.

Aufgabe	Ergebnis	Aufgabe	Ergebnis	Aufgabe	Ergebnis	Aufgabe	Ergebnis
2135 · 5	10675	3798 · 2	7596	1746 · 6	10476	4285 · 3	12855
1972 · 9	17748	2458 · 7	17206	2346 · 4	9384	1579 · 8	12632
3156 · 3	9468	4199 · 2	8398	1875 · 6	11250	2415 · 5	12075
5614 · 2	11228	2137 · 8	17096	3594 · 3	10782	1682 · 7	11774

Lösungen

Multiplizieren mit der Null

1. Multipliziere schriftlich.

3403 · 2 = 6806
2970 · 4 = 11880
5303 · 5 = 26515
2019 · 8 = 16152

4072 · 7 = 28504
6075 · 5 = 30375
2350 · 6 = 14100
1706 · 9 = 15354

2900 · 4 = 11600
6300 · 5 = 31500
8002 · 7 = 56014
5008 · 6 = 30048

3010 · 8 = 24080
2070 · 9 = 18630
3001 · 4 = 12004
8070 · 2 = 16140

1010 · 7 = 7070
3090 · 5 = 15450
3100 · 6 = 18600
2020 · 2 = 4040

2. Überprüfe die Aufgaben. Markiere die Fehler farbig und kreuze an.

4231 · 5 = 21160
❑ *richtig*
☒ *falsch*

3018 · 6 = 18068
❑ *richtig*
☒ *falsch*

2904 · 8 = 23232
☒ *richtig*
❑ *falsch*

1670 · 9 = 9030
❑ *richtig*
☒ *falsch*

2059 · 7 = 14413
☒ *richtig*
❑ *falsch*

3108 · 3 = 9324
☒ *richtig*
❑ *falsch*

© Verlag an der Ruhr | Autorin: Stephanie Cech-Wenning | Illustrationen: Norbert Höveler | ISBN 978-3-8346-3584-6

Multiplizieren mit Zehnerzahlen

So geht es:

				Z	E
3	1	2	·	4	0
	1	2	4	8	↓
			0	0	0
	1	2	4	8	0

oder kürzer:

				Z	E
3	1	2	·	4	**0**
	1	2	4	8	**0**

1. Multipliziere schriftlich. Schreibe ausführlich.

432 · 30
1296
000
12960

527 · 20
1054
000
10540

354 · 40
1416
000
14160

287 · 50
1435
000
14350

198 · 60
1188
000
11880

245 · 70
1715
000
17150

328 · 30
984
000
9840

157 · 80
1256
000
12560

370 · 40
1480
000
14800

275 · 80
2200
000
22000

516 · 50
2580
000
25800

209 · 90
1881
000
18810

2. Multipliziere auch hier. Schreibe kürzer.

2742 · 30 = 82260
3625 · 50 = 181250
2980 · 40 = 119200
2193 · 70 = 153510

1081 · 90 = 97290
2004 · 80 = 160320
2703 · 60 = 162180
5032 · 50 = 251600

© Verlag an der Ruhr | Autorin: Stephanie Cech-Wenning | Illustrationen: Norbert Höveler | ISBN 978-3-8346-3584-6

Lösungen

Multiplizieren mit zweistelligen Zahlen

1. Multipliziere schriftlich. Schreibe ausführlich.

```
245 · 27      313 · 32      158 · 24      239 · 48
  490           939           316           956
  1715           626           632          1912
     1           1 1                           1
  6615         10016          3792         11472

361 · 18      472 · 59      293 · 63      152 · 97
  361          2360          1758          1368
  2888          4248           879          1064
    1                         1 1            1
  6498         27848         18459         14744

502 · 86      224 · 75      179 · 23      230 · 54
 4016          1568           358          1150
  3012          1120           537           920
                  1           1 1            1
 43172         16800          4117         12420

299 · 38      346 · 82      487 · 16      264 · 73
  897          2768           487          1848
  2392           692          2922           792
   1 1           1 1            1            1 1
 11362         28372          7792         19272

111 · 11      999 · 99      421 · 18      310 · 77
  111          8991           421          2170
   111          8991          3368          2170
               1 1 1
  1221         98901          7578         23870
```

2. Überprüfe die Aufgaben. Markiere die Fehler farbig und kreuze an.

```
134 · 75      248 · 36      401 · 92      637 · 28
  938           624          3609          1274
   670          1248           802          5096
   1 1                           1            1
 10050          7488          4411         17836
```

☒ richtig ☐ falsch | ☐ richtig ☒ falsch | ☐ richtig ☒ falsch | ☒ richtig ☐ falsch

Multiplizieren mit langen Zahlen

Multipliziere schriftlich.

```
3412 · 53       2708 · 24       8127 · 43
 17060            5416           32508
  10236           10832           24381
                                     1
 180836           64992          349461

2199 · 78       4127 · 36       5601 · 48
 15393           12381           22404
  17592           24762           44808
  1 1 1              1
 171522          148572          268848

6532 · 45       2096 · 97       2631 · 82
 26128           18864           21048
  32660           14672            5262
     1          1 1 1 1              1
 293940          203312          215742

29514 · 37      31067 · 29      42791 · 48
 88542           62134           171164
  206598          279603          342328
  1 1 1           1 1             1
 1092018         900943          2053968

125746 · 26     397005 · 34     209716 · 45
 251492          1191015         838864
  754476          1588020         1048580
  1 1               1           1 1 1 1
 3269396         13498170        9437220

734025 · 39     401827 · 51     368823 · 47
 2202075         2009135         1475292
  6606225          401827         2581761
                      1          1 1   1
 28626975        20493177        17334681
```

Multiplizieren mit Kommazahlen

1. Multipliziere die Geldbeträge schriftlich.

4,39 € · 2 = 8,78 €

6,59 € · 8 = 52,72 €

3,74 € · 4 = 14,96 €

6,49 € · 8 = 51,92 €

9,74 € · 6 = 58,44 €

8,26 € · 7 = 57,82 €

8,35 € · 25
167,00 €
41,75 €
208,75 €

9,95 € · 43
398,00 €
29,85 €
427,85 €

7,06 € · 89
564,80 €
63,54 €
628,34 €

12,48 € · 37
374,40 €
87,36 €
461,76 €

49,50 € · 26
990,00 €
297,00 €
1287,00 €

58,93 € · 72
4125,10 €
117,86 €
4242,96 €

45,30 € · 68
2718,00 €
362,40 €
3080,40 €

27,49 € · 37
824,70 €
192,43 €
1017,13 €

81,32 € · 19
813,20 €
731,88 €
1545,08 €

2. Schreibe auf und multipliziere schriftlich.

6,34 € · 9
6,34 € · 9 = 57,06 €

8,70 € · 6
8,70 € · 6 = 52,20 €

24,53 € · 9
24,53 € · 9 = 220,77 €

8,45 € · 23
8,45 € · 23
169,00 €
25,35 €
194,35 €

31,69 € · 45
31,69 € · 45
1267,60 €
158,45 €
1426,05 €

89,43 € · 68
89,43 € · 68
5365,80 €
715,44 €
6081,24 €

Multiplizieren mit dreistelligen Zahlen

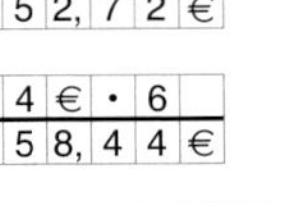

So geht es:

326 · 721
2282
+ 652
+ 326
235046

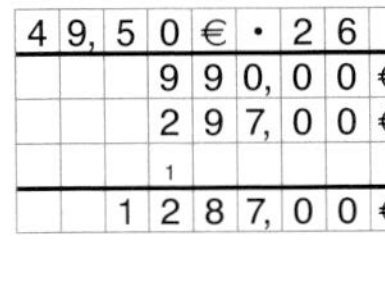

Multipliziere schriftlich.

235 · 224
470
470
940
52640

347 · 125
347
694
1735
43375

281 · 189
281
2248
2529
53109

371 · 245
742
1484
1855
90895

496 · 221
992
992
496
109616

518 · 167
518
3108
3626
86506

625 · 437
2500
1875
4375
273125

250 · 568
1250
1500
2000
142000

873 · 285
1746
6984
4365
248805

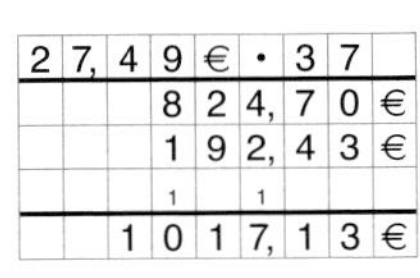

257 · 389
771
2056
2313
99973

503 · 199
503
4527
4527
100097

418 · 375
1254
2926
2090
156750

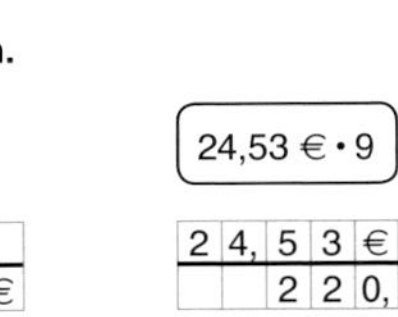

Lösungen

Halbschriftliches Dividieren – Wiederholen und üben

So geht es:

5421 : 3 = 1807
3000 : 3 = 1000
2400 : 3 = 800
21 : 3 = 7
5421 : 3 = 1807

1. Dividiere halbschriftlich.

740 : 5 = 148
500 : 5 = 100
200 : 5 = 40
40 : 5 = 8
740 : 5 = 148

459 : 3 = 153
300 : 3 = 100
150 : 3 = 50
9 : 3 = 3
459 : 3 = 153

976 : 8 = 122
800 : 8 = 100
160 : 8 = 20
16 : 8 = 2
976 : 8 = 122

894 : 6 = 149
600 : 6 = 100
240 : 6 = 40
54 : 6 = 9
894 : 6 = 149

588 : 4 = 147
400 : 4 = 100
160 : 4 = 40
28 : 4 = 7
588 : 4 = 147

861 : 7 = 123
700 : 7 = 100
140 : 7 = 20
21 : 7 = 3
861 : 7 = 123

2. Rechne auch hier halbschriftlich.

4255 : 5 = 851
4000 : 5 = 800
250 : 5 = 50
5 : 5 = 1
4255 : 5 = 851

3528 : 8 = 441
3200 : 8 = 400
320 : 8 = 40
8 : 8 = 1
3528 : 8 = 441

3372 : 6 = 562
3000 : 6 = 500
360 : 6 = 60
12 : 6 = 2
3372 : 6 = 562

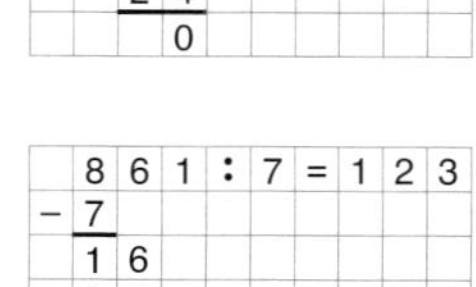

4375 : 7 = 625
4200 : 7 = 600
140 : 7 = 20
35 : 7 = 5
4375 : 7 = 625

2696 : 4 = 674
2400 : 4 = 600
280 : 4 = 70
16 : 4 = 4
2696 : 4 = 674

3928 : 4 = 982
3600 : 4 = 900
320 : 4 = 80
8 : 4 = 2
3928 : 4 = 982

5236 : 4 = 1309
4000 : 4 = 1000
1200 : 4 = 300
36 : 4 = 9
5236 : 4 = 1309

9310 : 7 = 1330
7000 : 7 = 1000
2100 : 7 = 300
210 : 7 = 30
9310 : 7 = 1330

Dividieren mit einer Startzahl

Dividiere schriftlich.

```
 H Z E
 8 2 5 : 3 = 2 7 5
-6
 2 2
-2 1
   1 5
 - 1 5
     0
```

```
 H Z E
 7 5 6 : 6 = 1 2 6
-6
 1 5
-1 2
   3 6
 - 3 6
     0
```

```
 H Z E
 9 7 2 : 4 = 2 4 3
-8
 1 7
-1 6
   1 2
 - 1 2
     0
```

```
 7 2 5 : 5 = 1 4 5
-5
 2 2
-2 0
   2 5
 - 2 5
     0
```

```
 9 8 4 : 8 = 1 2 3
-8
 1 8
-1 6
   2 4
 - 2 4
     0
```

```
 9 3 0 : 5 = 1 8 6
-5
 4 3
-4 0
   3 0
 - 3 0
     0
```

```
 7 1 4 : 3 = 2 3 8
-6
 1 1
-  9
   2 4
 - 2 4
     0
```

```
 9 9 6 : 4 = 2 4 9
-8
 1 9
-1 6
   3 6
 - 3 6
     0
```

```
 6 5 7 : 3 = 2 1 9
-6
 0 5
-  3
   2 7
 - 2 7
     0
```

```
 8 6 1 : 7 = 1 2 3
-7
 1 6
-1 4
   2 1
 - 2 1
     0
```

```
 9 4 8 : 6 = 1 5 8
-6
 3 4
-3 0
   4 8
 - 4 8
     0
```

```
 9 2 8 : 8 = 1 1 6
-8
 1 2
-  8
   4 8
 - 4 8
     0
```

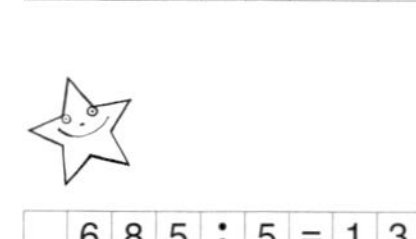

```
 6 8 5 : 5 = 1 3 7
-5
 1 8
-1 5
   3 5
 - 3 5
     0
```

```
 8 7 2 : 4 = 2 1 8
-8
 0 7
-  4
   3 2
 - 3 2
     0
```

```
 9 1 2 : 8 = 1 1 4
-8
 1 1
-  8
   3 2
 - 3 2
     0
```

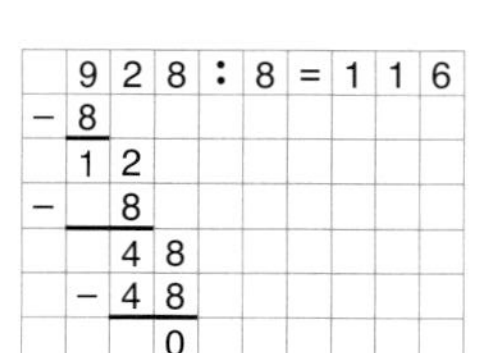
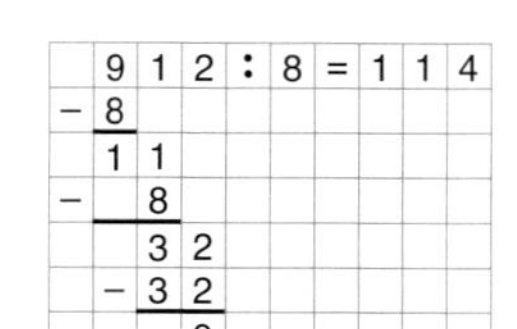
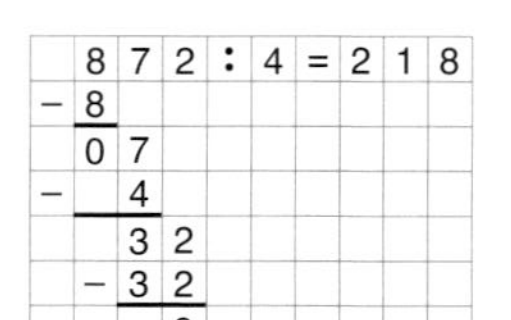
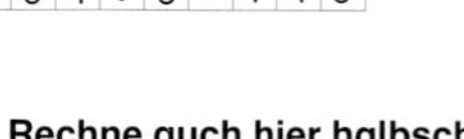
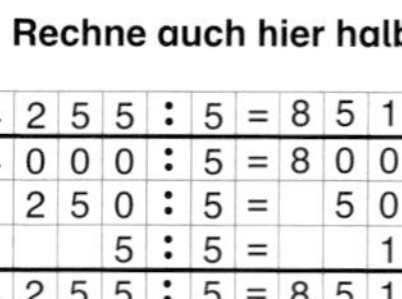
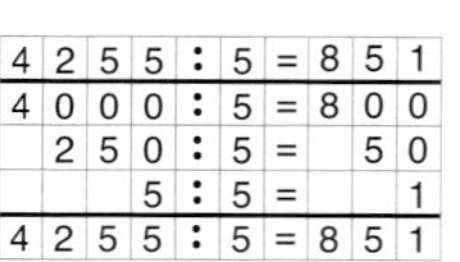
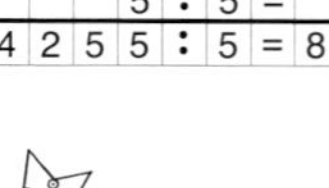

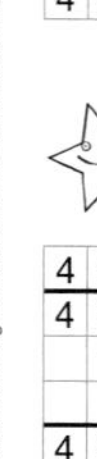

Lösungen

Dividieren mit zwei Startzahlen

So geht es:

H Z E: 427 : 7 = 61 — −42, 07, −7, 0

Dividiere schriftlich.

485 : 5 = 97 — −45, 35, −35, 0

534 : 6 = 89 — −48, 54, −54, 0

837 : 9 = 93 — −81, 27, −27, 0

282 : 3 = 94 — −27, 12, −12, 0

352 : 4 = 88 — −32, 32, −32, 0

637 : 7 = 91 — −63, 07, −07, 0

776 : 8 = 97 — −72, 56, −56, 0

621 : 9 = 69 — −54, 81, −81, 0

462 : 7 = 66 — −42, 42, −42, 0

336 : 4 = 84 — −32, 16, −16, 0

495 : 5 = 99 — −45, 45, −45, 0

516 : 6 = 86 — −48, 36, −36, 0

675 : 9 = 75 — −63, 45, −45, 0

752 : 8 = 94 — −72, 32, −32, 0

216 : 3 = 72 — −21, 06, −6, 0

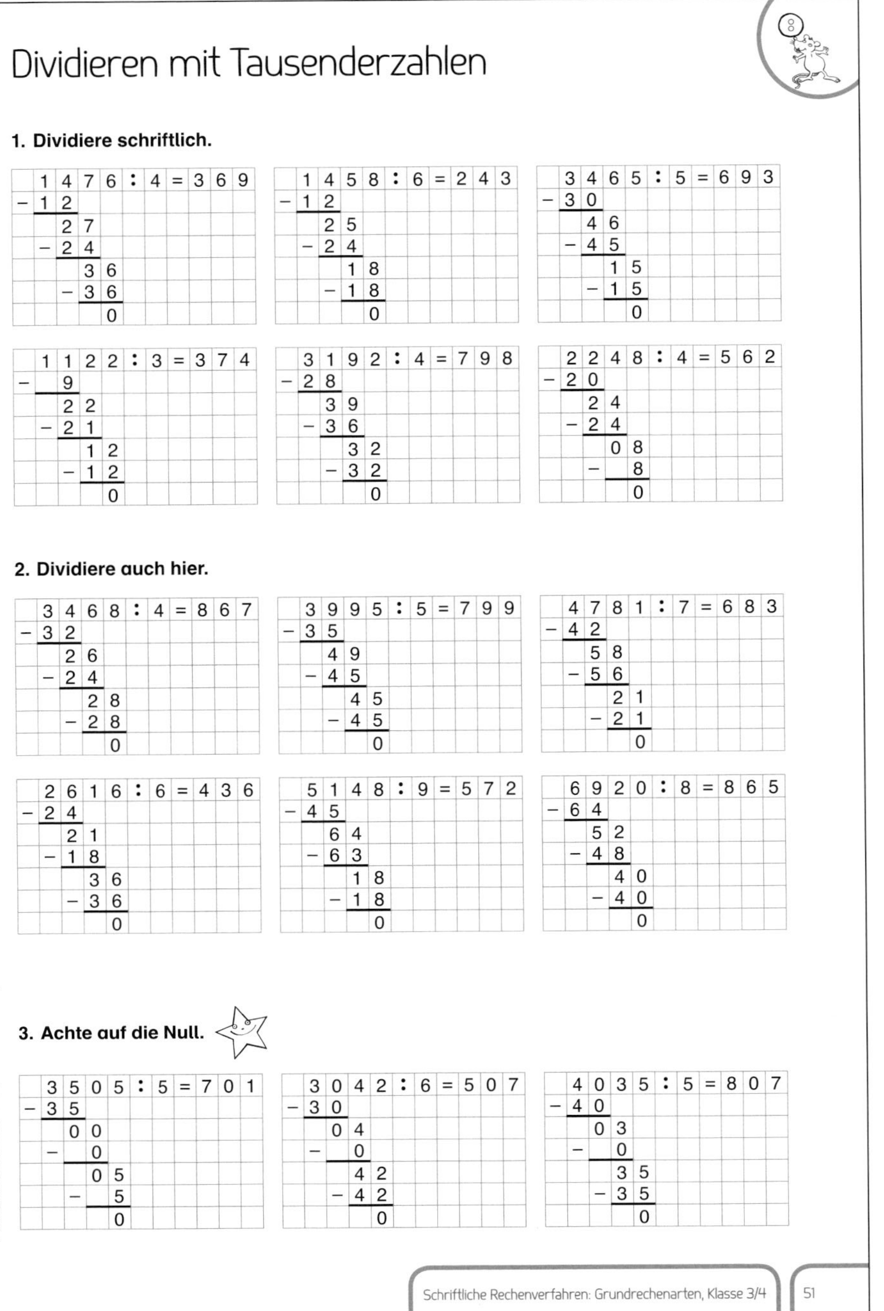

Dividieren mit Tausenderzahlen

1. Dividiere schriftlich.

1476 : 4 = 369 — −12, 27, −24, 36, −36, 0

1458 : 6 = 243 — −12, 25, −24, 18, −18, 0

3465 : 5 = 693 — −30, 46, −45, 15, −15, 0

1122 : 3 = 374 — −9, 22, −21, 12, −12, 0

3192 : 4 = 798 — −28, 39, −36, 32, −32, 0

2248 : 4 = 562 — −20, 24, −24, 08, −8, 0

2. Dividiere auch hier.

3468 : 4 = 867 — −32, 26, −24, 28, −28, 0

3995 : 5 = 799 — −35, 49, −45, 45, −45, 0

4781 : 7 = 683 — −42, 58, −56, 21, −21, 0

2616 : 6 = 436 — −24, 21, −18, 36, −36, 0

5148 : 9 = 572 — −45, 64, −63, 18, −18, 0

6920 : 8 = 865 — −64, 52, −48, 40, −40, 0

3. Achte auf die Null.

3505 : 5 = 701 — −35, 00, −0, 05, −5, 0

3042 : 6 = 507 — −30, 04, −0, 42, −42, 0

4035 : 5 = 807 — −40, 03, −0, 35, −35, 0

Dividieren mit Probe

Dividiere schriftlich. Mache dann die Probe mit der Mal-Aufgabe.

```
 2920 : 8 = 365
-24
  52
 -48
   40
  -40
    0
```

Probe: 365 · 8 = 2920

```
 4345 : 5 = 869
-40
  34
 -30
   45
  -45
    0
```

869 · 5 = 4345

```
 3976 : 7 = 568
-35
  47
 -42
   56
  -56
    0
```

568 · 7 = 3976

```
 27126 : 6 = 4521
-24
  31
 -30
   12
  -12
    06
   - 6
     0
```

Probe: 4521 · 6 = 27126

```
 26712 : 9 = 2968
-18
  87
 -81
   61
  -54
    72
   -72
     0
```

2968 · 9 = 26712

```
 6055 : 7 = 865
-56
  45
 -42
   35
  -35
    0
```

Probe: 865 · 7 = 6055

```
 5592 : 8 = 699
-48
  79
 -72
   72
  -72
    0
```

699 · 8 = 5592

Dividieren mit Zehntausenderzahlen

Dividiere schriftlich.

```
 15552 : 6 = 2592
-12
  35
 -30
   55
  -54
    12
   -12
     0
```

```
 27912 : 8 = 3489
-24
  39
 -32
   71
  -64
    72
   -72
     0
```

```
 39536 : 7 = 5648
-35
  45
 -42
   33
  -28
    56
   -56
     0
```

```
 21425 : 5 = 4285
-20
  14
 -10
   42
  -40
    25
   -25
     0
```

```
 27740 : 4 = 6935
-24
  37
 -36
   14
  -12
    20
   -20
     0
```

```
 86877 : 9 = 9653
-81
  58
 -54
   47
  -45
    27
   -27
     0
```

```
 14706 : 6 = 2451
-12
  27
 -24
   30
  -30
    06
   -06
     0
```

```
 31724 : 7 = 4532
-28
  37
 -35
   22
  -21
    14
   -14
     0
```

Lösungen

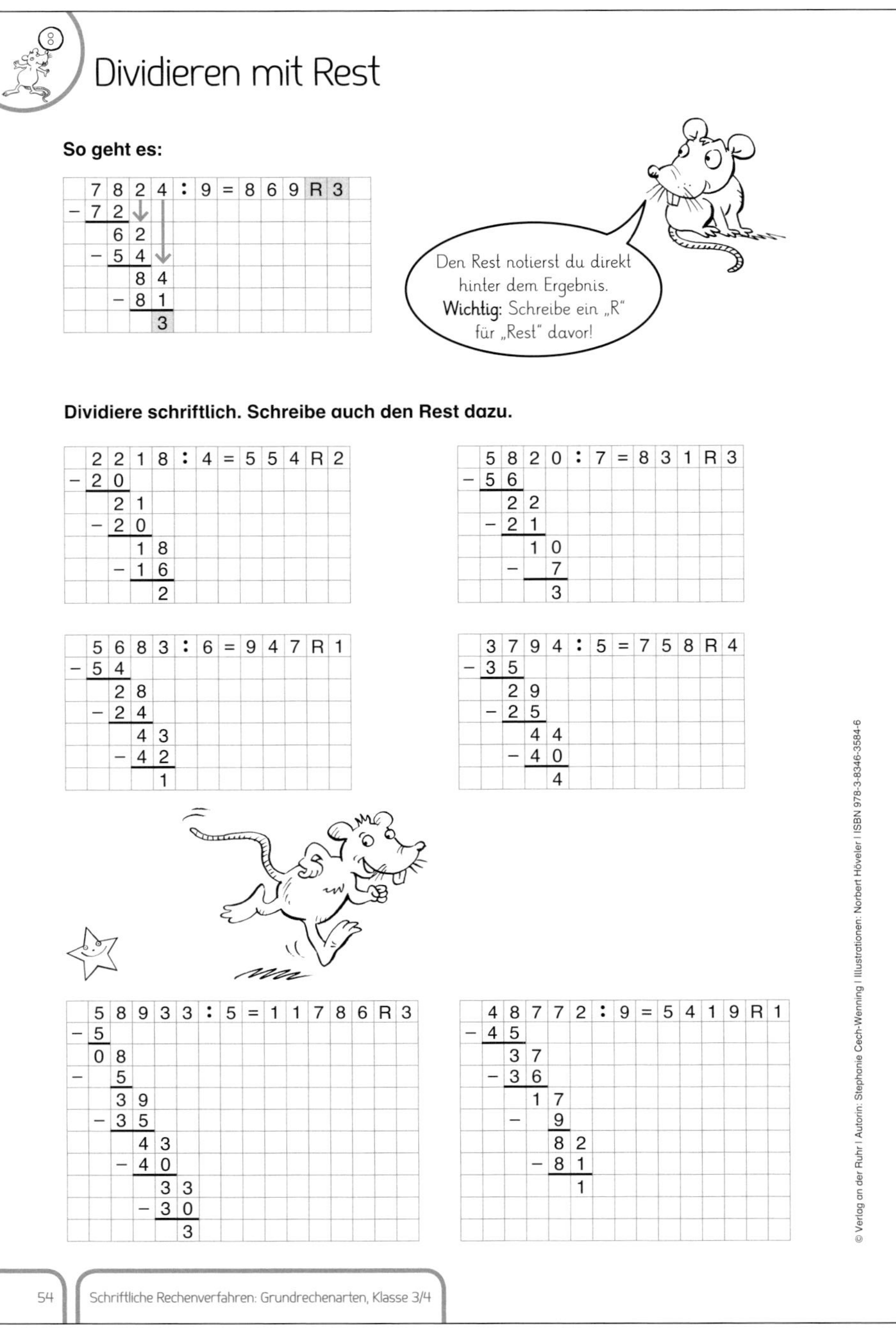

Dividieren mit Rest

So geht es:

7824 : 9 = 869 R 3
−72
62
−54
84
−81
3

Dividiere schriftlich. Schreibe auch den Rest dazu.

2218 : 4 = 554 R 2
−20
21
−20
18
−16
2

5820 : 7 = 831 R 3
−56
22
−21
10
−7
3

5683 : 6 = 947 R 1
−54
28
−24
43
−42
1

3794 : 5 = 758 R 4
−35
29
−25
44
−40
4

58933 : 5 = 11786 R 3
−5
08
−5
39
−35
43
−40
33
−30
3

48772 : 9 = 5419 R 1
−45
37
−36
17
−9
82
−81
1

Dividieren mit Kommazahlen

Dividiere die Geldbeträge schriftlich.

31,92 € : 6 = 5,32 €
−30
19
−18
12
−12
0

30,12 € : 4 = 7,53 €
−28
21
−20
12
−12
0

59,71 € : 7 = 8,53 €
−56
37
−35
21
−21
0

61,18 € : 7 = 8,74 €
−56
51
−49
28
−28
0

18,45 € : 5 = 3,69 €
−15
34
−30
45
−45
0

60,16 € : 8 = 7,52 €
−56
41
−40
16
−16
0

76,05 € : 9 = 8,45 €
−72
40
−36
45
−45
0

27,21 € : 3 = 9,07 €
−27
02
−0
21
−21
0

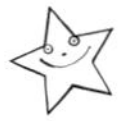

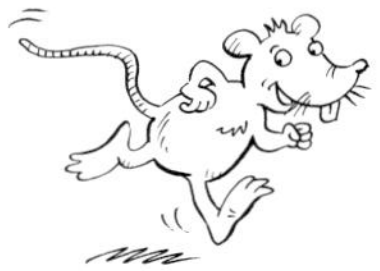

140,70 € : 6 = 23,45 €
−12
20
−18
27
−24
30
−30
0

184,10 € : 5 = 36,82 €
−15
34
−30
41
−40
10
−10
0

Lösungen

Dividieren mit Hunderttausenderzahlen

Dividiere schriftlich.

```
 152160 : 5 = 30432
-15
  02
 - 0
   21
  -20
    16
   -15
     10
    -10
      0
```

```
 109473 : 7 = 15639
- 7
  39
 -35
   44
  -42
    27
   -21
     63
    -63
      0
```

```
 316652 : 7 = 45236
-28
  36
 -35
   16
  -14
    25
   -21
     42
    -42
      0
```

```
 554848 : 8 = 69356
-48
  74
 -72
   28
  -24
    44
   -40
     48
    -48
      0
```

```
 192336 : 6 = 32056
-18
  12
 -12
   03
  - 0
    33
   -30
     36
    -36
      0
```

```
 279408 : 4 = 69852
-24
  39
 -36
   34
  -32
    20
   -20
     08
    - 8
      0
```

© Verlag an der Ruhr | Autorin: Stephanie Cech-Wenning | Illustrationen: Norbert Höveler | ISBN 978-3-8346-3584-6

Dividieren mit vollen Zehnerzahlen

So geht es:

```
 712 : 8 = 89        ⇨    7120 : 80 = 89
-64                      -640
  72                       720
 -72                      -720
   0                         0
```

Die kleinen Mal-Aufgaben helfen dir!

Dividiere schriftlich.

```
 582 : 6 = 97        ⇨    5820 : 60 = 97
-54                      -540
  42                       420
 -42                      -420
   0                         0
```

```
 432 : 9 = 48        ⇨    4320 : 90 =
-36
  72
 -72
   0
```

```
 469 : 7 = 67        ⇨    4690 : 70 = 67
-42                      -420
  49                       490
 -49                      -490
   0                         0
```

```
 25680 : 40 = 642
-240
  168
 -160
    80
   -80
     0
```

```
 43560 : 30 = 1452
-30
 135
-120
  156
 -150
    60
   -60
     0
```

```
 30850 : 50 = 617
-300
   85
  -50
   350
  -350
     0
```

```
 59080 : 70 = 844
-560
  308
 -280
   280
  -280
     0
```

© Verlag an der Ruhr | Autorin: Stephanie Cech-Wenning | Illustrationen: Norbert Höveler | ISBN 978-3-8346-3584-6

Lösungen

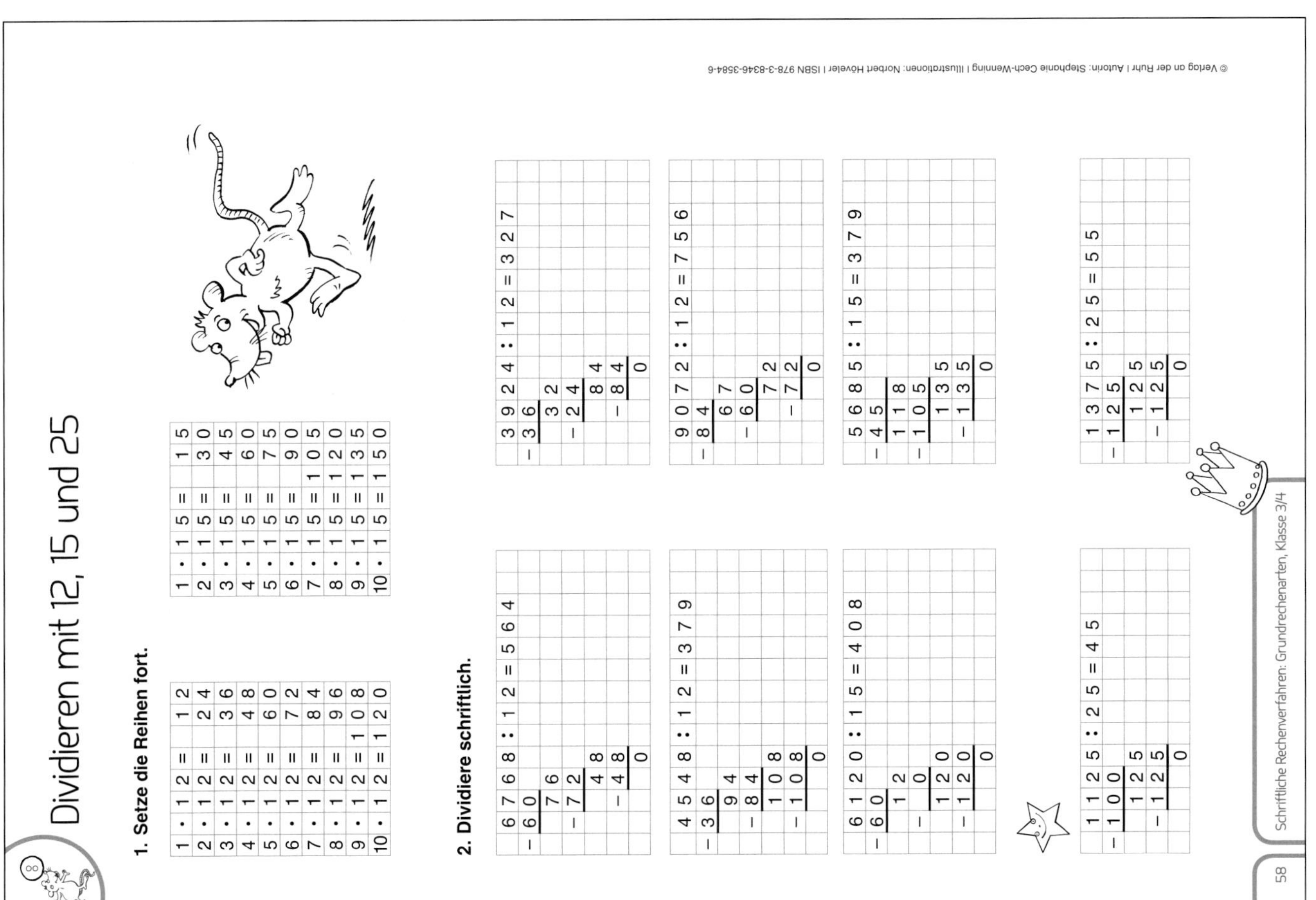

Dividieren mit 12, 15 und 25

1. Setze die Reihen fort.

1 · 12 = 12	1 · 15 = 15
2 · 12 = 24	2 · 15 = 30
3 · 12 = 36	3 · 15 = 45
4 · 12 = 48	4 · 15 = 60
5 · 12 = 60	5 · 15 = 75
6 · 12 = 72	6 · 15 = 90
7 · 12 = 84	7 · 15 = 105
8 · 12 = 96	8 · 15 = 120
9 · 12 = 108	9 · 15 = 135
10 · 12 = 120	10 · 15 = 150

2. Dividiere schriftlich.

6768 : 12 = 564
– 60
 76
– 72
 48
– 48
 0

3924 : 12 = 327
– 36
 32
– 24
 84
– 84
 0

4548 : 12 = 379
– 36
 94
– 84
 108
– 108
 0

9072 : 12 = 756
– 84
 67
– 60
 72
– 72
 0

6120 : 15 = 408
– 60
 12
– 0
 120
– 120
 0

5685 : 15 = 379
– 45
 118
– 105
 135
– 135
 0

1125 : 25 = 45
– 100
 125
– 125
 0

1375 : 25 = 55
– 125
 125
– 125
 0

Medientipps

Boesten, Jan:
Die Mathe-Knobel-Kartei. Klasse 3/4.
Verlag an der Ruhr, 2011.
ISBN 978-3-8346-0778-2

Cech-Wenning, Stephanie:
Methodenschule kooperatives Lernen – Geometrie Kl. 1/2.
Verlag an der Ruhr, 2013.
ISBN 978-3-8346-2449-9

Fink, Christine:
55 Fünf-Minuten-Matheübungen.
Kl. 1–4, Verlag an der Ruhr, 2011.
ISBN 978-3-8346-0915-1

Herdemeier, Claudia:
Rechenschwache Kinder individuell fördern – Ein systematisches Förderprogramm mit editierbaren Materialien.
Kl. 1–4, Verlag an der Ruhr, 2012.
ISBN 978-3-8346-2255-6

Lorenz, Jens-Holger; Radatz, Hendrik:
Handbuch des Förderns im Mathematikunterricht.
Schroedel, 1993.
ISBN 978-3-5073-4044-2

Maak, Angela; Wemhöhner, Katrin:
Mathe mit dem ganzen Körper: 50 Bewegungsspiele zum Üben und Festigen.
Kl. 1–4, Verlag an der Ruhr, 2007.
ISBN 978-3-8346-0315-9

Nugent, Glenda:
Mathe kann man anfassen – Klasse 2/3. 230 Ideen und Materialien für den handlungsorientierten Unterricht.
Verlag an der Ruhr, 2014.
ISBN 978-3-8346-2491-8

Padberg, Friedhelm:
Fördern im Mathematikunterricht
der Primarstufe.
Spektrum Akademischer Verlag, 2010.
ISBN 978-3-8274-1962-0

Redaktionsteam Verlag an der Ruhr:
Merk-Poster. Mathe-Wissen auf einen Blick.
Klasse 3/4, Verlag an der Ruhr, 2011.
ISBN 978-3-8346-0871-0

Willmeroth, Sabine:
Meine Mathe-Lernhefte.
- **Mein Einmaleins-Heft.**
  Klasse 2–3, Verlag an der Ruhr, 2015.
  ISBN 978-3-8346-2738-4
- **Mein Einsdurcheins-Heft.**
  Klasse 2–3, Verlag an der Ruhr, 2015.
  ISBN 978-3-8346-2982-1